JSP Web
技术实验及项目实训教程

第2版

王春明　史胜辉◎主编

清華大學出版社
北京

内容简介

本书是与《JSP Web技术及应用教程》(第3版·微课视频版)(清华大学出版社)配套的实验与项目实训教材。本书提供了46个涉及JSP Web技术的典型实验与实训项目。通过这些实验与项目实训,可以使学生巩固所学的知识。

全书共11章,第1～10章为单项实验,覆盖了JSP Web相关的知识点;第11章提供了7个典型JSP项目实训,内容包括学生信息管理系统、使用JXL操作Excel文件、使用JFreeChart显示动态曲线、树形菜单、使用FreeMaker自动生成Word文档、JSP分页显示、高校毕业设计(论文)管理系统等,每个实训都提供了效果示例和参考代码。通过这些典型实验与项目实训,读者可以掌握JSP Web应用中典型的项目开发方法。

本书可作为高等院校JSP Web相关课程的实验配套教材,也可作为JSP Web技术开发人员的参考书。

图书在版编目(CIP)数据

JSP Web技术实验及项目实训教程/王春明,史胜辉主编. —2版. —北京:清华大学出版社,2023.7(2024.10重印)
(清华科技大讲堂丛书)
ISBN 978-7-302-62974-0

Ⅰ. ①J… Ⅱ. ①王… ②史… Ⅲ. ①JAVA语言—网页制作工具—教材 Ⅳ. ①TP312 ②TP393.092

中国国家版本馆CIP数据核字(2023)第039864号

策划编辑:魏江江
责任编辑:王冰飞
封面设计:刘 键
责任校对:韩天竹
责任印制:丛怀宇

出版发行:清华大学出版社
网 址:https://www.tup.com.cn,https://www.wqxuetang.com
地 址:北京清华大学学研大厦A座 **邮 编**:100084
社 总 机:010-83470000 **邮 购**:010-62786544
投稿与读者服务:010-62776969,c-service@tup.tsinghua.edu.cn
质量反馈:010-62772015,zhiliang@tup.tsinghua.edu.cn
课件下载:https://www.tup.com.cn,010-83470236
印 装 者:三河市人民印务有限公司
经 销:全国新华书店
开 本:185mm×260mm **印 张**:13 **字 数**:320千字
版 次:2016年9月第1版 2023年9月第2版 **印 次**:2024年10月第2次印刷
印 数:9501～10700
定 价:39.80元

产品编号:098830-01

前言

JSP是一种动态网页技术标准，其拥有强大的服务器端动态网页技术功能，是目前全球流行、应用广泛的软件开发技术之一。JSP与微软公司的ASP(Active Server Pages)技术非常相似，二者都提供在HTML代码中混合某种程序代码，由语言引擎解释执行程序代码的能力。

JSP技术是J2EE技术的核心之一，是基于Java Servlet及整个Java体系的Web开发技术，利用这一技术可以建立安全、跨平台的先进动态网站。JSP使用的是Java语言，以Java技术为基础，又在许多方面做了改进，具有动态页面与静态页面分离，能够脱离硬件平台的束缚及编译后运行等优点。需要强调的是，要想真正掌握JSP技术，必须有较好的Java语言基础及HTML语言方面的知识。

本书基于JSP基本的语法，结合Servlet的最新规范，精心挑选了39个实验和7个项目实训，通过这些实验和项目实训可以由浅入深、循序渐进地理解JSP Web的技术原理，掌握JSP开发中典型应用问题的解决方法。

全书共11章，第1章为Web基本原理，提供IIS Web服务器的配置实验，为后续的JSP Web实验打下良好基础；第2章为HTML语言基础，实验内容围绕HTML文件结构、常用标记和HTML事件、DIV-CSS布局和JavaScript语言等方面，通过这些实验为JSP页面设计做了基础性准备；第3章是Java Web开发环境搭建，提供WAR包的生成、发布及基本的JSP动态网页实验，帮助读者在理解JSP的工作原理的基础上掌握JSP项目的创建与发布过程；第4章是JSP技术基础，实验内容主要涉及JSP标准语法、JSP指令，重点是JSP的九大内置对象及其使用方法；第5章是使用JSP访问数据库，提供使用JDBC对数据库进行增、删、改、查等典型操作的实验；第6章是JavaBean技术，提供利用JavaBean自动获取表单参数等方面的实验；第7章是Servlet基础知识，这也是JSP技术的核心内容，提供使用Servlet进行带验证码的用户登录验证、文件上传等典型应用，帮助读者加深对Servlet的理解，体会Servlet在项目开发中至关重要的作用；第8章是过滤器，内容涉及使用过滤器统一处理中文乱码及强制用户登录的典型应用；第9章是EL与JSTL，提供语言表达式的基础实验；第10章是JSP自定义标签，提供JSP自定义函数标签和自定义分页标签实验；第11章给出7个典型项目实训，内容包括学生信息管理系统、使用JXL操作Excel文件、使用JFreeChart显示动态曲线、树形菜单、使用FreeMaker自动生成Word文档、JSP分页显示、高校毕业设计(论文)管理系统等。通过这些项目实训，读者可以进一步巩固和掌握JSP实际项目开发方法。

全书由讲授JSP课程的教师在总结多年教学经验和项目开发经验的基础上精心编写而成，在实验题材选择、内容结构组织、知识衔接处理、典型案例分析等方面进行了精心安排。本书采用的开发环境为JDK 1.6+MyEclipse 8.x+Tomcat 8.x+MySQL 5.5。

本书提供完整的实例程序源码,可以扫描目录上方的二维码下载。

本书由王春明负责统稿,由王春明和史胜辉主编,陆培军、王进、王岩、宋伟、高婷玉、沈学华、王则林、朱浩、张晓峰、严燕、王丹丹、魏晓宁、蒋峥峥、陈森博、丁浩、袁鸿燕等在本书的编写、代码测试等方面给予了许多帮助。在此谨向他们表示由衷的感谢!

感谢清华大学出版社在本书编写和出版过程中给予的大力支持!

编　者

2023年6月

目录

扫一扫

源码下载

第1章

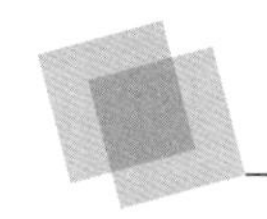

Web基本原理

Web 的原本含义是“网”,自从互联网出现以后,Web 变成了 WWW(World Wide Web)的简称,其中文称为万维网。

Web 的基本工作原理是请求与响应,由在互联网中遍布的 Web 服务器和安装了 Web 浏览器的计算机组成,用于发布、浏览、查询网络信息。它也是一种基于超文本方式工作的信息系统,作为一个能够处理文字、图像、声音、视频等多媒体信息的综合系统,提供了丰富的信息资源,这些信息资源以 Web 页面的形式分别存放在各个 Web 服务器,用户可以通过浏览器向服务器发出资源请求,服务器对请求进行处理和响应,再将响应结果发给客户端,由浏览器解析显示所请求的结果信息。

IIS Web 服务器实验可以帮助读者理解 Web 的工作原理,为以后学习 JSP Web 服务器打下基础。

【知识要点】

(1) Web 的基本工作原理。
(2) 作为 Windows 组件的 IIS Web 服务器的配置方法。
(3) 编写简单的 HTML 网页文件。
(4) 在 IIS 服务器上进行 Web 发布。
(5) 客户使用浏览器访问该 IIS 服务器上的网页。

【本章实验目的】

让学生掌握 IIS 服务器的配置要点,熟悉简单网页文件的编写和 Web 发布方法,加深对 Web 工作原理的理解,为以后学习 JSP Web 技术打下基础。

实验　IIS 服务器的配置

【实验任务】

配置 IIS 服务器,编写简单的网页文件并在 IIS 上发布。

【实验步骤】

（1）下载IIS安装包。

（2）单击桌面“开始”→“控制面板”→“添加或删除程序”→“添加/删除Windows组件”选项，选择“Internet信息服务（IIS）”选项，单击“详细信息”按钮。选择“FrontPage 2000服务器扩展”选项，单击“确定”按钮，如图1-1所示。

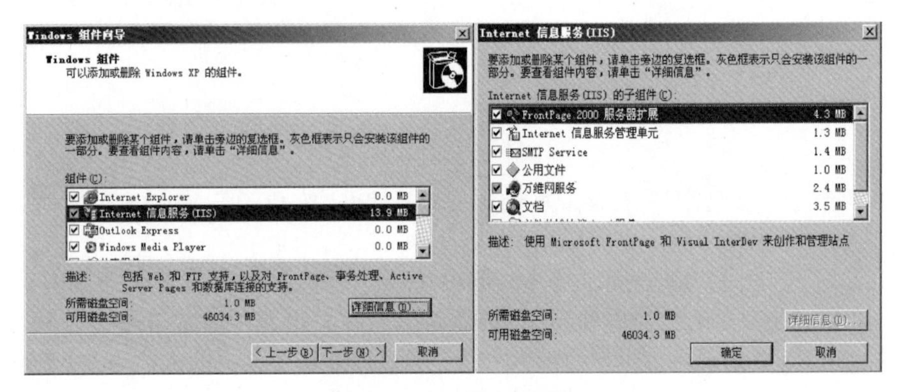

图1-1 添加IIS服务器

然后一步步单击“确定”按钮，会提示插入安装光盘。如果没有安装光盘，就使用网上下载的IIS 6安装包，浏览文件夹，找到需要安装的文件。这一步会反复多次，直到最终完成IIS文件的安装。

（3）IIS基本环境配置。

以Windows XP系统为例，应在“Windows防火墙”对话框中将“Web服务器（HTTP）”进行例外设置；否则，用户将无法访问IIS上的Web服务器。设置方法是：进入“控制面板”，双击“安全中心”选项，选择“Windows防火墙”选项，选择顶部的“高级”选项卡，再选“本地连接”选项，单击“设置”按钮，选中“Web服务器（HTTP）”复选框，单击“确定”按钮即可，如图1-2所示。

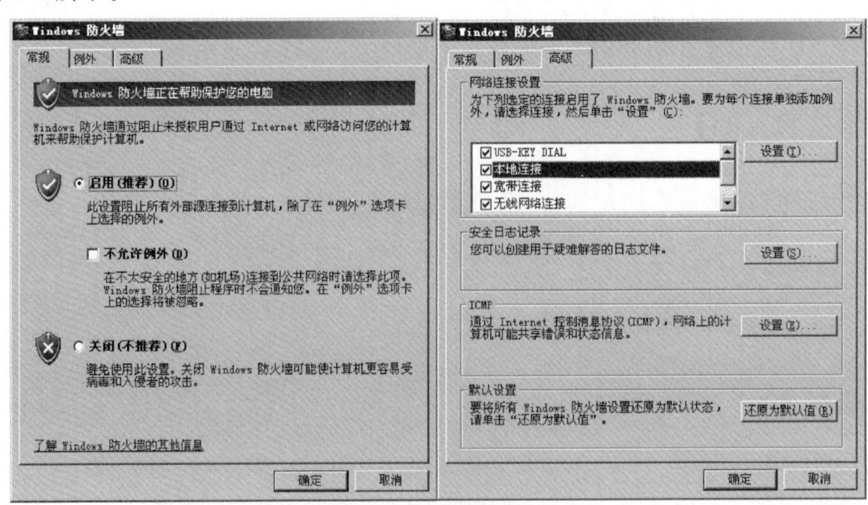

图1-2 IIS服务器配置

或在“Windows 防火墙”对话框的“例外”选项卡中，添加端口号为 80，即可完成 Web 服务器防火墙的例外设置。

(4) 站点准备与发布。

Web 站点在服务器上其实就是一个目录，该目录中存放着编辑好的 HTML 文件。在 D 盘上新建“D:\myweb”目录，编写一个 index.html 文件放入该目录中。

index.html 参考代码如下所示。

```
<html>
    <head>
        <title>第一个 HTML 页面</title>
    </head>
<body>
    <p>title 元素的内容会显示在浏览器的标题栏中。</p>
    <p>body 元素的内容会显示在浏览器中。</p>
</body>
</html>
```

在要发布的站点目录的图标上右击，打开“myweb 属性”对话框，选中“Web 共享”选项卡中的“共享文件夹”单选按钮，打开“编辑别名”对话框，单击“确定”按钮，即可完成 myweb 站点的发布，如图 1-3 所示。

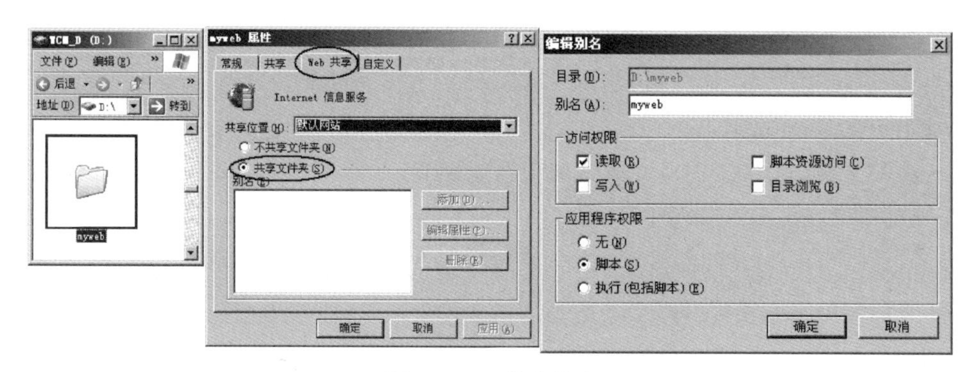

图 1-3　IIS 站点发布

此时，通过控制面板中的“管理工具”→“Internet 信息服务(IIS)”选项，可看到发布的站点，如图 1-4 所示。

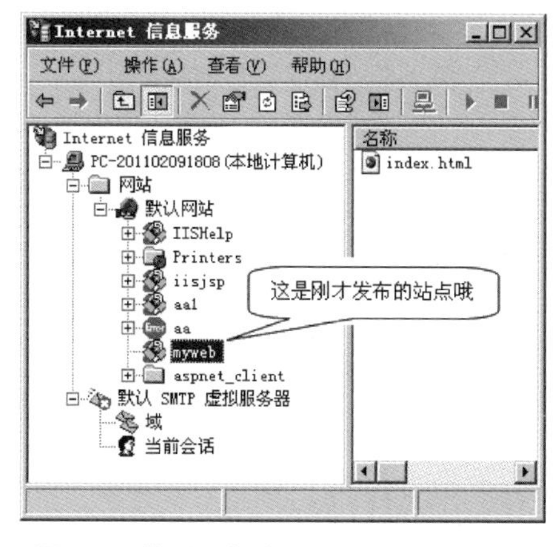

图 1-4　控制面板中“Internet 信息服务”

(5) IIS站点配置。

打开"Internet信息服务(IIS)"管理器，右击myweb站点名称，在弹出的快捷菜单中选择"网站属性"选项，打开"网站属性"对话框，在"文档"选项卡中可设置默认的启动文档。在"目录安全性"选项卡中单击"编辑"按钮，弹出"身份验证方法"对话框，选中"匿名访问"复选框，如图1-5所示。

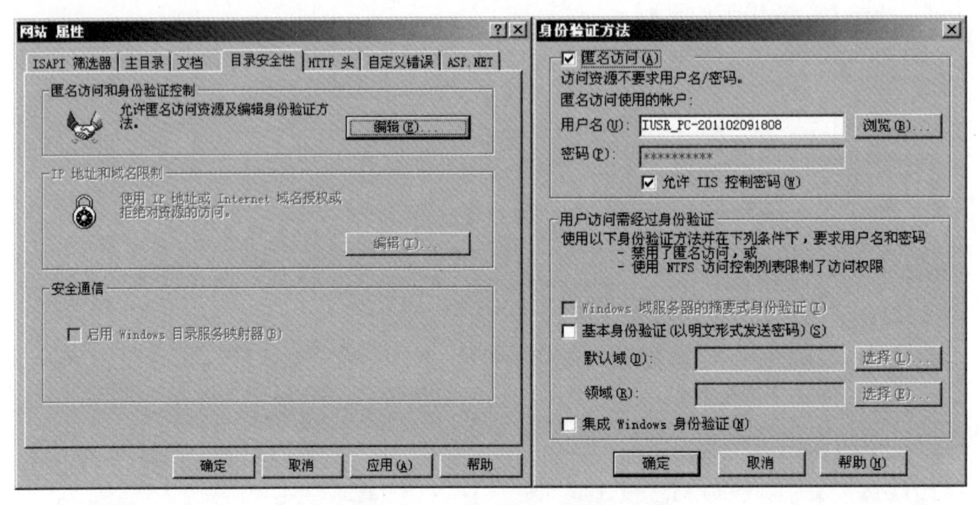

图1-5 "匿名访问"设置

(6) IIS Web访问测试。

IIS的服务端口号为80，浏览器访问服务器的默认端口号也是80，通常省略这个端口号。在浏览器地址栏输入"http://localhost/myweb/index.html"，运行效果如图1-6所示。

图1-6 IIS服务器运行效果

(7) 拓展训练。

编写个人网站，在IIS服务器上进行发布。

第2章

HTML语言基础

【知识要点】

HTML 是超文本标记语言，HTML 是由 HTML 命令组成的描述性文本，其相关文档的扩展名是 html 或 htm，HTML 文件可由浏览器解释、浏览。

HTML 一直被用作万维网的信息表示语言，它能独立于各种操作系统平台，为用户展示文字、图形、动画、声音、表格、链接等。

HTML 语言利用各种标记(tags)来标识文档的结构及超链接(hyper link)的信息。标记语言由一系标记组成，一个标记就是一种约定，可以完成一定任务。HTML 语言的特点是简单、直观，显示的图形界面特别方便，这正是网页所需要的，在网页中有大量图形界面需要显示，所以 HTML 语言得以流行。网页上的大多数文字、图形都是通过简单的 HTML 语句产生的。

初始的 HTML 语言是不区分大小写的，但是 XML、JSP 等语言是区分大小写的，所以在 HTML 4.0 之后，业界习惯元素名用大写字母(如 BODY)，属性名用小写字母(如 lang、onsubmit)。

【实验目的】

掌握 HTML 网页文件的编写方法，进一步深入理解 Web 页的工作原理，为即将学习 JSP Web 技术打下基础。

【实验环境】

IIS Web 服务器、FrontPage、Dreamweaver 等网页编辑工具。

实验 2.1 第一个 HTML 文件

【实验任务】

编写 HTML 网页文件并在 IIS Web 服务器上发布。

【实验步骤】

(1) 使用 FrontPage 或 Dreamweaver 网页编辑工具编辑 HTML 文件。

test1. html 参考代码如下所示。

```
<html>
<head>
     <title>李白的诗</title>
</head>
<body  bgcolor="yellow" text=rgb(255,0,0)>
    <p align="center">
        <B>静夜思<br></B>
        李白<br></P><Hr>
    <p align="center">
        床前明月光,疑是地上霜。<br>
        举头望明月,低头思故乡。<br>
    </p>
    <p align="center">
    【说明】就寝时床前洒满月光,如同降了一地白霜。<br>
    抬头一望,一轮皓月,千里清光,月是故乡明,安能不思乡?<br>
    本诗简明地描绘了月夜的美景,真切地抒发了游子思念故乡的深情。
    </p>
</body>
</html>
```

(2) 将上述内容以"test1. html"为文件名存储在"D:\ch2"目录下。

(3) 将站点目录"D:\ch2"在 IIS Web 服务器中发布。

(4) 在浏览器访问上述文件,观察浏览器显示结果,体会各种文档标记及排版标记的使用方法。文件 test1. html 的运行效果如图 2-1 所示。

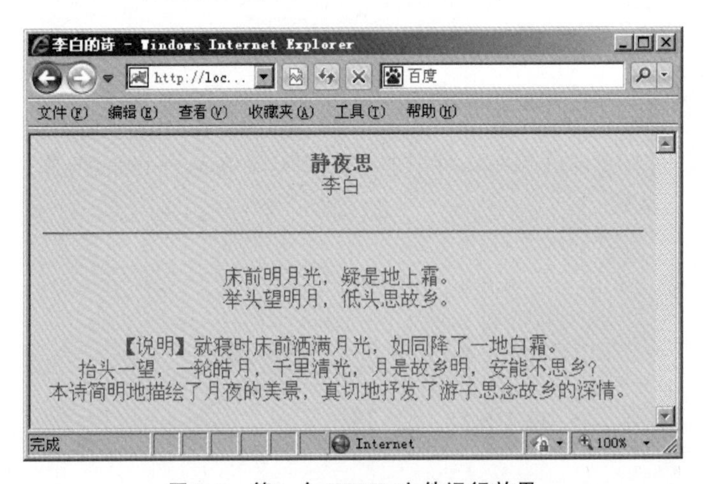

图 2-1 第一个 HTML 文件运行效果

(5) 拓展实验 1：在上述 HTML 程序中，去掉< body >标记中的 bgcolor 属性，增加 background 属性，使网页的背景变成一幅风景图像(图像文件自定)，然后保存，并刷新页面

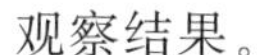

观察结果。

(6) 拓展实验2：为上述网页增加一首背景音乐曲子，即在文档中再增加一个< bgsound src="音乐文件名">标记，然后保存并刷新页面，试听效果。

实验2.2 使用CSS定义表格样式实验1

【实验任务】

编辑HTML网页文件，使用CSS定义表格样式，在IIS Web服务器上发布。

【实验步骤】

(1) 使用FrontPage或Dreamweaver等网页编辑工具编辑HTML文件。

test2.html参考代码如下所示。

```
<html>
    <head>
        <title>HTML Table</title>
    </head>
<style type = "text/css">
    TABLE {
        background: blue;
        border - collapse: separate;
        border - spacing: 10pt;
        border - top: 15px solid red;
        border - left: 15px solid red;
        border - right: 5px dashed black;
        border - bottom: 10px dashed blue; }
    TD, TH {
        background: white;
        border: outset 5pt;
        horizontal - align: right; }
    CAPTION {
        border: ridge 5pt blue;
        border - top: ridge 10pt blue; }
</style>
<body>
<table>
    <caption>员工销售业绩</caption>
    <thead><tr><th>姓名</th><th>销售业绩</th></tr></thead>
<tbody>
    <tr><td>金威华</td><td>600.00</td></tr>
    <tr><td>詹姆斯</td><td>755.00</td></tr>
    <tr><td>武虎山</td><td>700.00</td></tr>
</tbody>
    <tfoot>
        <tr><td colspan = "2">同志们,继续努力哦!</td></tr>
    </tfoot>
```

```
  </table>
 </body>
</html>
```

（2）在浏览器中请求该网页文件的资源，观察效果，体会代码含义。test2.html 的运行效果如图 2-2 所示。

图 2-2　test2.html 运行效果

实验 2.3　使用 CSS 定义表格样式实验 2

【实验任务】

编辑 HTML 网页文件，使用 CSS 定义表格样式，表格行的背景颜色将随鼠标移动而改变。

【实验步骤】

（1）使用 FrontPage 或 Dreamweaver 等网页编辑工具编辑 HTML 文件。

test3.html 参考代码如下所示。

```
<html>
    <head>
        <meta http-equiv="Content-Type" content="text/html; charset=gb2312">
        <title>表格样式</title>
        <style type="text/css">
            table.hovertable {font-family: verdana,arial,sans-serif;
                    font-size:11px;
                    color:#333333;
                    border-width: 1px;
                    border-color: #999999;
                    border-collapse: collapse; }
            table.hovertable th { background-color:#c3dde0;
                    border-width: 1px;
                    padding: 8px;
                    border-style: solid;
                    border-color: #a9c6c9;}
            table.hovertable tr { background-color:#d4e3e5;}
```

```
            table.hovertable td { border-width: 2px;
                    padding: 8px;
                    border-style: solid;
                    border-color: #ffc6c9; }
        </style>
    </head>
    <body>
        <table class="hovertable">
            <tr><th>学号</th><th>姓名</th><th>家庭住址</th></tr>
            <tr onmouseover="this.style.backgroundColor='#ffff66';" onmouseout="this.style.backgroundColor='#d4e3e5';">
                <td>8088801</td><td>张立升</td><td>江苏无锡</td></tr>
            <tr onmouseover="this.style.backgroundColor='#ffff66';" onmouseout="this.style.backgroundColor='#d4e3e5';">
                <td>8088802</td><td>武功全</td><td>河南洛阳</td></tr>
            <tr onmouseover="this.style.backgroundColor='#ffff66';" onmouseout="this.style.backgroundColor='#d4e3e5';">
                <td>8088803</td><td>文辉尚</td><td>江苏南通</td></tr>
            <tr onmouseover="this.style.backgroundColor='#ffff66';" onmouseout="this.style.backgroundColor='#d4e3e5';">
                <td>8088804</td><td>周晓诚</td><td>湖北武汉</td></tr>
            <tr onmouseover="this.style.backgroundColor='#ffff66';" onmouseout="this.style.backgroundColor='#d4e3e5';">
                <td>8088805</td><td>唐宫锐</td><td>辽宁大连</td></tr>
            </table>
    </body>
</html>
```

（2）在浏览器中请求该网页文件的资源，观察效果，体会代码含义。test3.html的运行效果如图2-3所示。

学号	姓名	家庭住址
8088801	张立升	江苏无锡
8088802	武功全	河南洛阳
8088803	文辉尚	江苏南通
8088804	周晓诚	湖北武汉
8088805	唐宫锐	辽宁大连

图2-3　test3.html运行效果

实验2.4　表格布局实验

【实验任务】

编辑HTML网页文件，使用表格进行页面布局。

【实验步骤】

(1) 使用 FrontPage 或 Dreamweaver 网页编辑工具编辑 HTML 文件。

test4.html 参考代码如下所示。

```
<html>
    <head>
        <title>表格标记示例</title>
      <meta http-equiv="Content-Type" content="text/html; charset=gb2312">
  <style type="text/css">
    body {  background-image: url(../images/flower.gif); }
  </style>
 </hrad>
<body link="#FFAA00" style="background-attachment: fixed">
 <bgsound src="../music/sj.mp3" loop="1">
 <table align="center" border="2" width="54%" height="50%" >
 <caption><font size="6" color=purple face="华文彩云"><b>我的驿站</b></font>
</caption>
 <tr align=center>
   <td colspan=1 rowspan=4  width="47%" >
      <img border="0" src="../images/girl.png" width="400" height="411"></td>
   <td height="100" colspan=2 rowspan=1 >
      <font size="5" color="pink" face="方正舒体"><b><i>欢迎光临我的驿站</i></b>
</font></Td>
  </tr>
  <tr align=center>
     <td height="121" width="15%"><a href="flower.htm" ><b>我的花园</b></a></td>
     <td width="12%"><a href="music.htm" ><b>我的音乐</b></a></td> </tr>
  <tr align=center>
     <td height="85" width="15%" ><a href="#" ><b>我的 football</b></a></td>
     <td width="12%" ><a href="#" ><b>我的相册</b></a></td> </tr>
  <tr align=center><td width="15%" ><a href="#" ><b>我的舍友</b></a></td>
     <td width="12%" ><a href="#" ><b>我的家人</b></a></td> </tr>
  </table>
 <center><p><font size="2" color=green>版权所有 2015-2020 </font></center>
 </body>
</html>
```

(2) 在浏览器中请求该网页文件的资源，观察效果，体会使用表格进行网页布局的方法。test4.html 的运行效果如图 2-4 所示。

图 2-4 test4.html 运行效果

（3）拓展实验 1。

练习编写带有超链接的 HTML 文件。根据下列要求设计并输入 HTML 程序。

① 页面中包含带有文字的超链接。

② 页面中包含带有图像的超链接。

③ 页面中包含带有音乐和视频文件的超链接。

④ 页面中包含带有嵌入和自动载入的音乐或视频。

（4）拓展实验 2。

练习使用表格标记及其常用属性。设计一个不少于 3 行 4 列的表格，表格的内容可以自由发挥，使用 rowspan 和 colspan 合并表格。熟悉并掌握有关表格中各种标记和属性的使用方法和技巧，保存为 table.html。

实验 2.5 DIV+CSS 布局实验

【知识要点回顾】

DIV+CSS 是一种网页的布局方法，是 Web 设计标准。与传统中通过表格布局的方式不同，它可以将网页页面内容与表现相分离。DIV 是 HTML 语言中的一个区域标记，层叠样式表(cascading style sheets，CSS)是一种表现形式，用于定义 HTML 元素的显示形式，是 W3C 推出的格式化网页内容的标准技术，是网页设计者必须掌握的技术之一。DIV+CSS 包含如下技术要点。

（1）三种样式表调用方式。

通常 CSS 的调用采用页面内嵌法、外部样式表调用法和内联样式表调用法三种。

① **页面内嵌法**：就是将样式表直接写在页面代码的 head 标记内。类似如下这样。

```
< style type = "text/css">
     body { background : white ; color : black ; }
</style >
```

< style >标记段必须出现在 head 标记内，其同样有一个开始和结束标记，一个 HTML 网页文件可以有多个< style >标记。

② **外部样式表调用法**：将样式表写在一个独立的.css 文件中。例如，在 css 目录下新建一个 style.css 样式文件，然后在页面 head 标记内使用< link >标记调用，在 head 标记内调用外部样式表的引用语法如下所示。

```
< link href = "css/style.css" type = "text/css" rel = "stylesheet"/>
```

③ **内联样式表法**：直接将样式写在 HTML 标记里，如要使 H1 标记的内容变红色，语法示例如下所示。

```
< h1 style = "color:red; ">红色</h1 >
```

在以上三种样式表方法中，推荐优先使用外部样式表。嵌入式样式表常用于页面调试，内联样式表较少使用。

（2）样式规则。

样式规则由选择器后跟一个声明块组成，声明块是一个大容器，由大括号包裹的代码组成，在一个声明块内可以有多个声明，每个声明以冒号开始、分号结束。

例如，下面的代码用于定义网页的背景为前景颜色。

```
body { background : white ; color : black ; }
```

（3）选择器语法格式。

元素选择器语法格式："元素{color:blue;}"。

类选择器语法格式：".类名{属性:值;}"。

ID选择器语法格式："#id名{属性:值;}"，注意同一网页文件中标记的ID名不能重复。

通配符选择器语法格式："*{属性:值;}"。

（4）伪类选择器：伪类选择器用来定义超链接<a>元素或其他一些块标记的4种不同状态的样式，按以下顺序依次描述。

"a:link"：未访问的超链接的选择器。

"a:visited"：已访问过的超链接的选择器。

"a:hover"：鼠标光标悬停在其上的超链接的选择器，该伪类也可用于其他块标记。

"a:active"：获得焦点的超链接的选择器。

如果需要，也可以组合这几个状态，按顺序写，如下所示。

```
a:link,a:visited { color:blue;}
a:hover,a:active { color:blue;}
```

（5）选择器分组，当遇到几个选择器共享一个声明的时候，可以将其分组，放在一起，每个选择器必须以逗号隔开。

例如，"h1,h2,h3,h4 { color red;}"。

选择器分组时要将每个选择器路径写全，分组结尾不能有逗号。

例如，错误写法为"#maincontent p, ul{ border-top:1pxsolid #ddd;}"(路径不全)。

正确写法为"#maincontent p, #maincontent ul{ border-top:1pxsolid #ddd;}"。

错误写法为".a1 p, .a1 ul,{color:red;}"(选择器分组结尾多了一个逗号)。

（6）伪元素选择器，标准的选择器不能格式化一个元素内容的第一个字母或第一行，而伪元素选择器能实现。所有浏览器支持的伪元素选择器有":first-line"和":first-letter"两种。

例如，段落的第一行："p:first-line {属性:值;}"。

段落的第一个字母："p:first-letter {属性:值;}"。

（7）关于DIV标记。

DIV用来定义文档中的分区或节，它可以把文档分割为若干独立、不同的部分。DIV是一个块元素，它的内容将自动地开始一个新行。实际上，换行是<div>标记固有的唯一格式表现。可以通过<div>标记的class或id等属性为之应用额外的样式，class用于元素组(若干个类似的标记，或者可以理解为某一类元素)，而id用于标识单独的、唯一的标记。

使用DIV+CSS布局时，要注意以下两点。

① DIV+CSS的合理之处在于可以促进网页的统一设计管理。如果为一个页面单独

做一个样式表或一个 DIV 就做一个样式表，没有全局设计观念，那么这个 DIV+CSS 的设计方式就完全没有必要，甚至成了累赘。通过一个样式表，牵一发而动全身，只要修改样式表，就可以统一全站的风格。

② 要注意浏览器对 DIV+CSS 的兼容性。TABLE 设计由来已久，得到浏览器的广泛支持，所以显示效果很好，不会出现错位情况，但是灵活性较差，很难维护。DIV+CSS 在部分浏览器中会发生页面错位的情况，但灵活性好，易于维护，因此在进行设计的时候也要考虑到不同浏览器的情况，进行更改和调试。

CSS 布局与传统表格布局最大的区别在于：原来的定位都是采用表格，通过表格的间距或用无色透明的 GIF 图像来控制布局版块的间距；而现在则采用 DIV+CSS 来定位，通过 DIV+CSS 的 margin、padding、border 等 CSS 属性来控制版块的间距。

(8) CSS 2.0 盒模型。

W3C 组织建议把所有网页上的对象都放在一个“盒”中，设计师可以通过创建样式定义来控制这个盒的属性，放入盒中的对象包括段落、列表、标题、图像及层。盒模型主要定义 4 个区域：内容、间距、边框和边距，如图 2-5 所示。

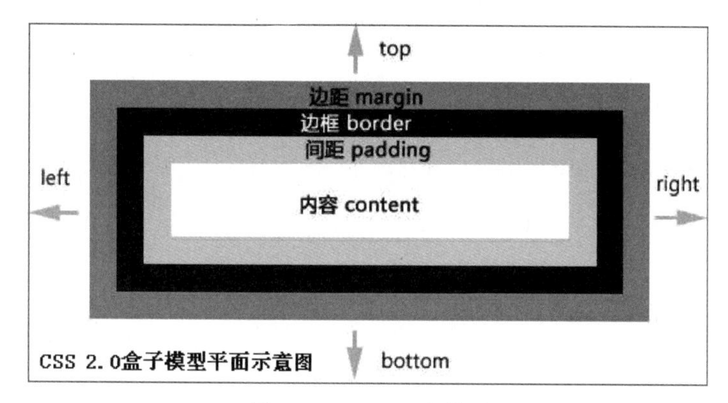

图 2-5　CSS 2.0 盒模型

【实验任务】

编辑 HTML 网页文件，使用 DIV+CSS 进行页面布局。

【实验步骤】

编辑如下 test2.5.1.html 文件，观察运行效果。

```
<!DOCTYPE html PUBLIC "-//W3C//DTD XHTML 1.0 Transitional//EN" "http://www.w3.org/
TR/xhtml1/DTD/xhtml1-transitional.dtd">
<html xmlns="http://www.w3.org/1999/xhtml" lang="gb2312">
<head>
    <title>欢迎</title>
    <style type="text/css">
        body { margin: 0px;
```

```
            padding:0px;
            background: url(./img/photo.jpg) #fefefe no-repeat right bottom;
            font-family: 'lucida grande','lucida sans unicode','宋体','新宋体',arial,
verdana,sans-serif;
            color: #666;
            font-size:12px;
            line-height:150%;}
        #header{ margin: 0px auto; border: 0px; background: #ccd2de; width: 580px;
            height: 60px;}
        #mainbox { margin: 0px auto; width: 580px; background: #FFFFFF; }
        #menu{float: right; margin: 2px 0px 2px 0px; padding:0px 0px 0px 0px;
            width: 400px; background: #ccd2de; }
        #sidebar{ float: left; margin: 2px 2px 0px 0px; padding: 0px; background: #F2F3F7;
            width: 170px; }
        #content{ float: right; margin: 1px 0px 2px 0px; padding:0px; width: 400px;
            background: #E0EFDE;}
        #footer{ clear: both; margin: 0px  auto; padding: 5px 0px 5px 0px;
            background: #ccd2de; height: 40px; width: 580px; }
  </style>
</head>
<body>
    <div id="header">这里是 header</div>
    <div id="mainbox">
      <div id="menu">这里是 menu</div>
      <div id="sidebar">这里是 sidebar</div>
      <div id="content">
        <p>这里是 #content</p>
        <p>这里是主要内容,根据内容自动适应高度</p>
        <p>这里是主要内容,根据内容自动适应高度</p>
        <p>这里是主要内容,根据内容自动适应高度</p>
      </div>
    </div>
    <div id="footer">这里是 footer</div>
  </body>
</html>
```

运行程序并观察效果，如图 2-6 所示。

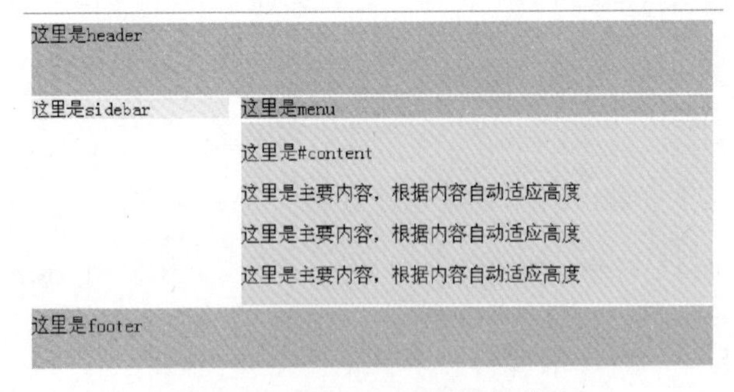

图 2-6 test2.5.1.html 运行效果

【源代码分析】

整个页面的< body >标记的样式：边框边距为 0；背景颜色为#FEFEFE；背景图像为./img/photo.jpg，图像位于页面右下角，不重复；定义字体尺寸为 12px；字体颜色为#666；行高 150%。

整个页面是居中显示的，这是因为在“#header”“#mainbox”“#footer”等选择器中定义了以下属性。

“margin:0px auto;”表示上下边距为 0，左右为自动，因此该层将自动居中。

如果要让页面居左，则取消 auto 值就可以了，因为默认就是居左显示的。通过“margin:auto”可以轻易地使层自动居中。

“#mainbox”层嵌套了“#menu”“#sidebar”“#content”三个层。当“#content”的内容增加，“#content”的高度就会增高，同时“#mainbox”的高度也会被撑开，“#footer”层也会自动下移。这样就实现了高度的自适应。

需要注意的是，“#menu”和“#content”都是浮动在页面右面(通过“float: right;”定义)，“#sidebar”是浮动在“#menu”层的左面(通过“float:left;”定义)，这就是浮动法定位。另外，还可以采用绝对定位来实现这样的效果。

编辑如下 test2.5.2.html 文件，观察运行效果。

```
<!DOCTYPE html PUBLIC "-//W3C//DTD XHTML 1.0 Transitional//EN" "http://www.w3.org/TR/
xhtml1/
DTD/xhtml1-transitional.dtd">
<html>
  <head>
    <meta http-equiv="Content-Type" content="text/html; charset=utf-8" />
    <title>二级 dropdown 弹出菜单</title>
    <style type="text/css">
      /* 设置菜单字体及边界 */
    .menu {font-family: arial, sans-serif; width:750px; margin:0; margin:50px 0;}
      /* 设置无序列表的 margin 和 padding 为零 */
    .menu ul {padding:0; margin:0;list-style-type: none;}
      /* 控制下拉列表菜单出现的位置 */
    .menu ul li {float:left; position:relative;}
      /*设置链接样式(设置背景颜色和字体大小等)  */
    .menu ul li a, .menu ul li a:visited {
        display:block;
        text-align:center;
        text-decoration:none;
        width:104px;
        height:30px;
        color:#000;
        border:1px solid #fff;
        border-width:1px 1px 0 0;
        background:#c9c9a7;
        line-height:30px;
        font-size:11px;
```

```
        }
          /* 设置使下拉 UL 不可见 */
        .menu ul li ul {display: none;}
          /* 设置主菜单超链接样式 */
        .menu ul li:hover a {color: #fff; background: #b3ab79;}
          /* 设置子菜单样式(显示位置) */
        .menu ul li:hover ul {
                display:block;
                position:absolute;
                top:31px;
                left:0;
                width:105px;
                }
          /* 设置子菜单超链接样式 */
       .menu ul li:hover ul li a {display:block; background: #faeec7; color: #000;}
         /* 设置超链接悬停时的样式 */
       .menu ul li:hover ul li a:hover {background: #dfc184; color: #000;}
   </style>
  </head>
 <body>
 <div class = "menu">
 <ul>
   <li><a class = "hide" href = "../menu/index.html">菜单 1 </a>
     <ul>
     <li><a href = "../menu/01.html" title = "1#page">子菜单 01 </a></li>
     <li><a href = "../menu/02.html" title = "2#page">子菜单 02 </a></li>
     <li><a href = "../menu/03.html" title = "3#page">子菜单 03 </a></li>
     <li><a href = "../menu/04.html" title = "4#page">子菜单 04 </a></li>
     <li><a href = "../menu/05.html" title = "5#page">子菜单 05 </a></li>
     <li><a href = "../menu/06.html" title = "6#page">子菜单 06 </a></li>
     <li><a href = "../menu/07.html" title = "7#page">子菜单 06 </a></li>
     <li><a href = "../menu/08.html" title = "8#page">子菜单 07 </a></li>
     <li><a href = "../menu/09.html" title = "9#page">子菜单 08 </a></li>
     </ul></li>
   <li><a class = "hide" href = "index.html">菜单 2 </a>
     <ul>
     <li><a href = "../menu/11.html" title = "1#page">子菜单 11 </a></li>
     <li><a href = "../menu/12.html" title = "2#page">子菜单 12 </a></li>
     <li><a href = "../menu/13.html" title = "3#page">子菜单 13 </a></li>
     <li><a href = "../menu/14.html" title = "4#page">子菜单 14 </a></li>
     <li><a href = "../menu/15.html" title = "5#page">子菜单 15 </a></li>
     <li><a href = "../menu/16.html" title = "6#page">子菜单 16 </a></li>
     <li><a href = "../menu/17.html" title = "7#page">子菜单 16 </a></li>
     <li><a href = "../menu/18.html" title = "8#page">子菜单 17 </a></li>
     <li><a href = "../menu/19.html" title = "9#page">子菜单 18 </a></li>
     </ul></li>
   <li><a class = "hide" href = "../layouts/index.html">菜单 3 </a>
     <ul>
     <li><a href = "../menu/21.html" title = "1#page">子菜单 21 </a></li>
     <li><a href = "../menu/22.html" title = "2#page">子菜单 22 </a></li>
     <li><a href = "../menu/23.html" title = "3#page">子菜单 23 </a></li>
```

```
      <li><a href="../menu/24.html" title="4#page">子菜单 24</a></li>
      <li><a href="../menu/25.html" title="5#page">子菜单 25</a></li>
      <li><a href="../menu/26.html" title="6#page">子菜单 26</a></li>
      <li><a href="../menu/27.html" title="7#page">子菜单 27</a></li>
    </ul></li>
   <li><a class="hide" href="../boxes/index.html">菜单 4</a>
      <ul>
      <li><a href="../menu/31.html" title="1#page">子菜单 31</a></li>
      <li><a href="../menu/32.html" title="2#page">子菜单 32</a></li>
      <li><a href="../menu/33.html" title="3#page">子菜单 33</a></li>
      <li><a href="../menu/34.html" title="4#page">子菜单 34</a></li>
      <li><a href="../menu/35.html" title="5#page">子菜单 35</a></li>
      </ul></li>
   </ul>
  </div>
</body>
</html>
```

test2.5.2.html 运行效果如图 2-7 所示。

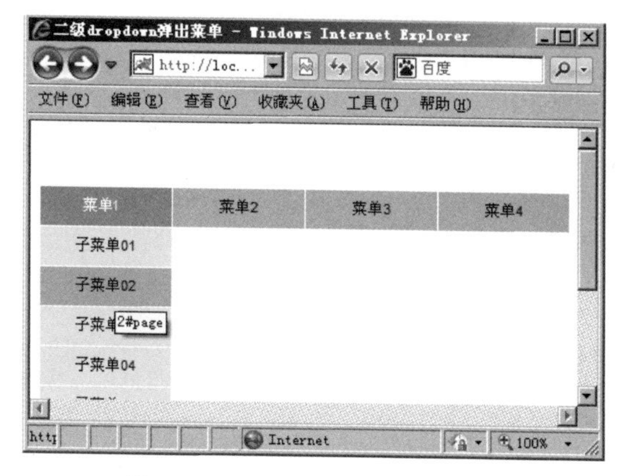

图 2-7　test2.5.2.html 运行效果

【拓展实验】

制作如图 2-8 所示框架的首页，内容不限，要求使用背景色标出区域。

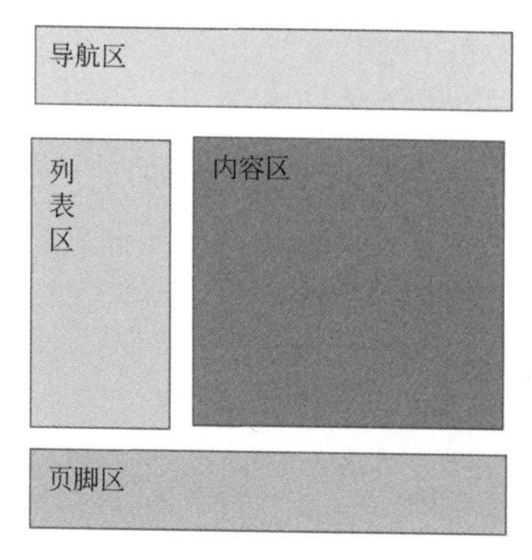

图 2-8　拓展实验布局要求图

实验 2.6 简单的登录页面设计

【实验任务】

编辑含有表单的用户登录 HTML 文件，采用 DIV+CSS 进行界面布局。

【实验步骤】

(1) 编辑如下 login.html 文件。

```
<html>
<head>
    <title>综合考评系统 - 登录</title>
    <style type = "text/css">
        body{ margin - top: 0px;  margin - left: 0px; }
        .head{ background - image: url(../images/loginbg1.jpg);
            width: 100 % ; height: 130px; }
        body{ margin: 0px; text - align: center;background: #FFF; font - size: 12px; }
        a:link, a:visited{text - decoration: none; }
        a:hover{   }
          /* 页面层容器 */
        #container{width: 750px; height: 460px; margin: auto; padding - bottom: 0px; padding
- top: 120px;
          background - image: url(../images/loginbg2.jpg); background - repeat: no - repeat; }
        #right{float: right; width: 400px; top: 255px; left: 576px; }
        #container #right form table tr td div .style3 .style3{color: #72CCF1; }
        #container #right form table tr td div .style3{ color: #72CCF1; }
        .style3{ width: 141px; font - size: 20px; vertical - align:middle; text - align:right ;
}
        .style4{height: 88px; }
        .style5{width: 141px; font - size: 20px; vertical - align:middle; color: #72CCF1; }
    </style>
    <script language = "JavaScript" type = "text/javascript">
        function Validator(theForm) {
            if (theForm.username.value == "") {
                alert("请输入用户名");
                theForm.username.focus();
                return (false); }
            else if (theForm.password.value == "") {
                alert("请输入密码");
                theForm.password.focus();
                return (false); }
            else  return (true);
        }
        function keyDown() {
            if (event.keyCode == 13) {
                if (event.srcElement.tagName.toLowerCase() == "textarea") {
```

```
                    return false; }
                else if (event.srcElement.name.toLowerCase() == "password") {
                    document.all.btnlogin.click();
                    return false; }
                event.keyCode = 9;
                return true;
            }
        }
        document.onkeydown = keyDown;
        window.onload = function () {
            var oInput = document.getElementById("username");
            oInput.focus();
        }
    </script>
</head>
<body>
    <div class="head"></div>
    <div id="container">
    <div id="right">
    <form name="form1" method="post" action="cp.aspx" id="form1" onsubmit="return
Validator(this)">
    <table width="104%" border="0" cellpadding="6" cellspacing="0">
    <tr><td colspan="2" align="center" class="style4" valign="top">
    <span id="LabTitle" style="color: #3333CC; font-family: 楷体_GB2312; font-size:
20pt;">
                    欢迎登录测评系统</span><br /><br /><br /></td></tr>
    <tr><td><div style="text-align: center">
        <span class="style3">用户名:</span>
        <input class="style5" style="width:133px;" name="username" type="text" maxlength
="14"
                id="username" tabindex="1" /></div></td>
        <td rowspan="2"><div><input style="height: 39px;" type="submit" name=
"btnlogin" value="登录"
                id="btnlogin" tabindex="3" /> </div></td></tr>
        <tr><td><div style="text-align: center"><span class="style3">密　码:</span>
            <input class="style5" style="width:133px;" name="password" type="password"
                    maxlength="14" id="password" tabindex="2" /></div></td></tr>
        </table>
        </form><br /><br /><br /></div></div>
    <div><table width="100%">
    <tr><td align="center" style="height: 40px; font-size: 12px; color: #147233;">
             版权所有: 组织部 技术支持: <a href="mailto:x@163.com">技术组
</a> 
            版本 2.0 更新时间 2022.6.28</td></tr>  </table></div>
</body>
</html>
```

（2）运行程序，观察效果，如图 2-9 所示。

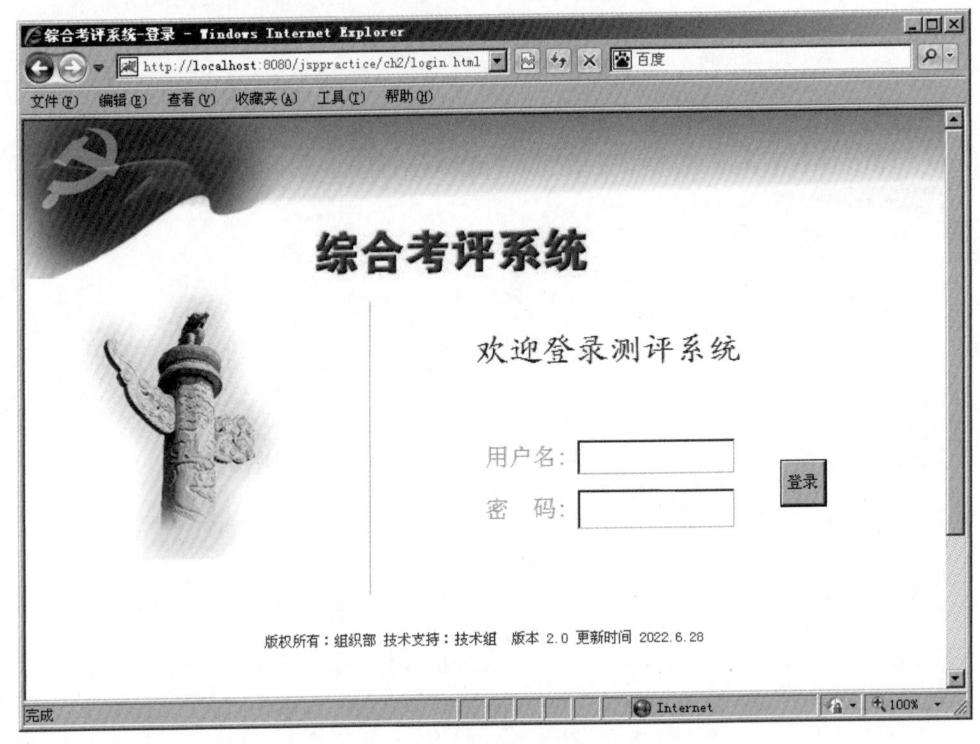

图 2-9 登录程序运行效果

实验 2.7 JavaScript 脚本前端验证

【实验任务】

编辑 HTML 文件，利用 JavaScript 脚本语言在客户端验证用户两次输入的密码是否相同。

【实验步骤】

（1）编辑如下 test2_7_1.html 文件，观察运行效果。

```
<html>
<head><title>JavaScript 实验</title>
<script>
 function check() {
    with (document.all) {
        if (input1.value != input2.value) {
            alert("两次输入的密码不一致!")
            input1.value = "";
```

```
            input2.value = "";
        } else
            document.forms[0].submit();
        }
    }
</script>
</head>
<body>
    <FORM METHOD = POST ACTION = "">
        请输入密码：  <input type = "password" id = "input1">  <br>
        请再次输入密码：  <input type = "password" id = "input2">
        <input type = "button" value = "提交" onclick = "check()">
    </FORM>
</body>
</html>
```

(2) 运行程序，效果如图 2-10 所示。

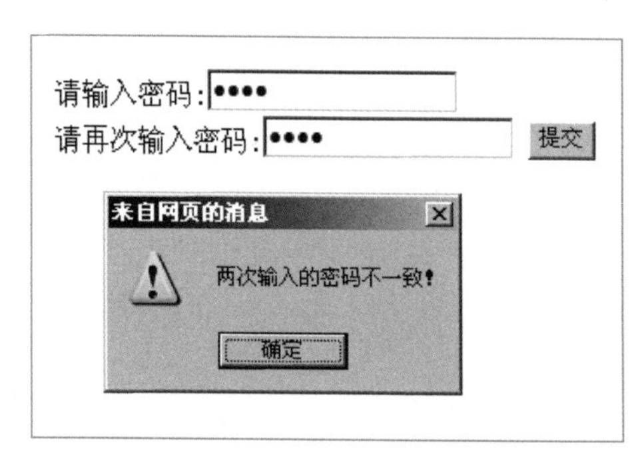

图 2-10　JavaScript 脚本前端验证

实验 2.8　纯 JavaScript 脚本编写的日历选择器

【实验任务】

编辑 uc.js 文件，实现日历选择器功能，在 HTML 页面调用日历选择器 uc.js。

【实验步骤】

(1) 编辑 uc.js 文件代码如下所示。

```
function NtuCalendar (sName, sDate)
{
  //定义 NtuCalendar 对象的属性并赋默认值
  //inputValue 属性的值为"today"时表示(客户机)当前日期
  //直接在这里把默认值修改成想要的值,使用时就什么也不用设置了
  this.inputName = sName || "ntuDate";
  this.inputValue = sDate || "";
```

```
this.inputSize = 10;
this.inputClass = "";
this.color = "#ff5555";              //日历文字颜色
this.bgColor = "#eeeeee";            //日历背景色
this.buttonWidth = 60;
this.buttonWords = "选择日期";
this.canEdits = true;
this.hidesSelects = true;
//定义 display 方法
this.display = function()
{
  var reDate = /^(19[7-9]\d|20[0-5]\d)\-(0?\d|1[0-2])\-([0-2]?\d|3[01])$/;
  if (reDate.test(this.inputValue))
  {
    var dates = this.inputValue.split("-");
    var year = parseInt(dates[0], 10);
    var month = parseInt(dates[1], 10);
    var mday = parseInt(dates[2], 10);
  }
  else
  {
    var today = new Date();
    var year = today.getFullYear();
    var month = today.getMonth()+1;
    var mday = today.getDate();
  }
  if (this.inputValue == "today")
    inputValue = year + "-" + month + "-" + mday;
  else
    inputValue = this.inputValue;
  var lastDay = new Date(year, month, 0);
  lastDay = lastDay.getDate();
  var firstDay = new Date(year, month-1, 1);
  firstDay = firstDay.getDay();
  var btnBorder =
    "border-left:1px solid " + this.color + ";" +
    "border-right:1px solid " + this.color + ";" +
    "border-top:1px solid " + this.color + ";" +
    "border-bottom:1px solid " + this.color + ";";
  var btnStyle =
    "padding-top:3px;cursor:default;width:" + this.buttonWidth + "px;text-align:
center;height:18px;top:-9px;" +
    "font:normal 12px 宋体;position:absolute;z-index:99;background-color:" + this.
bgColor + ";" +
    "line-height:12px;" + btnBorder + "color:" + this.color + ";";
  var boardStyle =
    "position:absolute;width:1px;height:1px;background:" + this.bgColor + ";top:8px;
border:1px solid "+
    this.color + ";display:none;padding:3px;";
  var buttonEvent =
    " onmouseover=\"this.childNodes[0].style.borderBottom='0px';" +
```

```
            "this.childNodes[1].style.display = '';this.style.zIndex = 100;" +
            (this.hidesSelects ?
            "var slts = document.getElementsByTagName('SELECT');" +
            "for(var i = 0;i < slts.length;i++)slts[i].style.visibility = 'hidden';"
            : "") + "\"" +
        " onmouseout = \"this.childNodes[0].style.borderBottom = '1px solid " + this.color + "';" +
            "this.childNodes[1].style.display = 'none';this.style.zIndex = 99;" +
            (this.hidesSelects ?
            "var slts = document.getElementsByTagName('SELECT');" +
            "for(var i = 0;i < slts.length;i++)slts[i].style.visibility = '';"
            : "") + "\"" +
        " onselectstart = \"return false;\"";
    var mdayStyle  =  "font:normal 9px Verdana,Arial,宋体;line - height:12px;cursor:default;
color:" + this.color;
    var weekStyle  =  "font:normal 12px 宋体;line - height:15px;cursor:default;color:" +
this.color;
    var arrowStyle  =  "font:bold 7px Verdana,宋体;cursor:hand;line - height:16px;color:" +
this.color;
    var ymStyle  =  "font:bold 12px 宋体;line - height:16px;cursor:default;color:" + this.
color;
    var changeMdays  =
        "var year = parseInt(this.parentNode.cells[2].childNodes[0].innerText);" +
        "var month = parseInt(this.parentNode.cells[2].childNodes[2].innerText);" +
        "var firstDay = new Date(year,month - 1,1);firstDay = firstDay.getDay();" +
        "var lastDay = new Date(year,month,0);lastDay = lastDay.getDate();" +
        "var tab = this.parentNode.parentNode, day = 1;" +
        "for(var row = 2;row < 8;row++)" +
        "   for(var col = 0;col < 7;col++){" +
        "     if(row == 2&&col < firstDay){" +
        "       tab.rows[row].cells[col].innerHTML = ' ';" +
        "       tab.rows[row].cells[col].isDay = 0;}" +
        "     else if(day <= lastDay){" +
        "       tab.rows[row].cells[col].innerHTML = day;" +
        "       tab.rows[row].cells[col].isDay = 1;day++;}" +
        "     else{" +
        "       tab.rows[row].cells[col].innerHTML = '';" +
        "       tab.rows[row].cells[col].isDay = 0;}" +
        "   }";
    var pyEvent  =
        " onclick = \"var y = this.parentNode.cells[2].childNodes[0];y.innerText = parseInt(y.
innerText) - 1;" +
                    changeMdays + "\"";
    var pmEvent  =
        " onclick = \"var y = this.parentNode.cells[2].childNodes[0];m = this.parentNode.cells
[2].childNodes[2];" +
                    "m.innerText = parseInt(m.innerText) - 1;if(m.innerText == '0'){m.innerText =
12;y.innerText = " +
                    "parseInt(y.innerText) - 1;}" + changeMdays + "\"";
    var nmEvent  =
        " onclick = \"var y = this.parentNode.cells[2].childNodes[0];m = this.parentNode.cells
[2].childNodes[2];" +
```

```
                    "m.innerText = parseInt(m.innerText) + 1;if(m.innerText == '13'){m.
innerText = 1;y.innerText = " +
                    "parseInt(y.innerText) + 1;}" + changeMdays + "\"";
    var nyEvent =
      " onclick = \"var y = this.parentNode.cells[2].childNodes[0];y.innerText = parseInt(y.
innerText) + 1;" +
                    changeMdays + "\"";
    var mdayEvent =
      " onmouseover = \"if(event.srcElement.tagName == 'TD'&&event.srcElement.isDay){" +
        "event.srcElement.style.backgroundColor = '" + this.color + "';" +
        "event.srcElement.style.color = '" + this.bgColor + "';" +
        "event.srcElement.style.cursor = 'hand';" +
        "var ym = event.srcElement.parentNode.parentNode.rows[0].cells[2].childNodes;" +
        "event.srcElement.title = ym[0].innerText + '-' + ym[2].innerText + '-' + event.
srcElement.innerText;}\"" +
      " onmouseout = \"if(event.srcElement.tagName == 'TD'&&event.srcElement.isDay){" +
        "event.srcElement.style.backgroundColor = '" + this.bgColor + "';" +
        "event.srcElement.style.color = '" + this.color + "';" +
        "event.srcElement.style.cursor = 'default';" +
        "var ym = event.srcElement.parentNode.parentNode.rows[0].cells[2].childNodes;" +
        "event.srcElement.title = ym[0].innerText + '-' + ym[2].innerText + '-' + event.
srcElement.innerText;}\"" +
      " onclick = \"if(event.srcElement.tagName == 'TD'&&event.srcElement.isDay){" +
        "var inp = this.parentNode.parentNode.parentNode.previousSibling.childNodes[0];" +
        "inp.value = this.rows[0].cells[2].childNodes[0].innerText + '-' + this.rows[0].
cells[2].childNodes[2]." +
        "innerText + '-' + event.srcElement.innerText;" +
        "this.parentNode.style.display = 'none';this.parentNode.parentNode.style.zIndex = 99;" +
        "this.parentNode.previousSibling.style.borderBottom = '1px solid " + this.color + "';" +
        (this.hidesSelects ?
        "var slts = document.getElementsByTagName('SELECT');" +
        "for(var i = 0;i < slts.length;i++)slts[i].style.visibility = '';"
        : "") + "}\"";
    var output = "";
    output += "<table cellpadding = 0 cellspacing = 1 style = 'display:inline;'><tr>";
    output += " <td><input size = " + this.inputSize + " maxlength = 10 value = \"" +
inputValue + "\"";
    output += (this.canEdits ? "" : " readonly") + " name = \"" + this.inputName + "\"></td>";
    output += " <td width = " + this.buttonWidth + ">";
    output += " <div style = \"position:absolute;overflow:visible;width:0px;height:0px;\"" +
buttonEvent + ">";
    output += " <div style = \"" + btnStyle + "\"><nobr>" + this.buttonWords + "</nobr>
</div>";
    output += " <div style = \"" + boardStyle + "\">";
    output += " <table cellspacing = 1 cellpadding = 1 width = 175" + mdayEvent + ">";
    output += " <tr height = 20 align = center>";
    output += " <td style = \"" + arrowStyle + "\" title = \"上一年\"" + pyEvent + ">&lt;
&lt;</td>";
    output += " <td style = \"" + arrowStyle + "\" align = left title = \"上个月\"" +
pmEvent + ">&lt;</td>";
    output += " <td colspan = 3 style = \"" + ymStyle + "\" valign = bottom>";
```

```
    output += " <span>" + year + "</span><span>年</span><span>" + month + "</span>
<span>月</span>";
    output += " </td>";
    output += " <td style=\"" + arrowStyle + "\" align=right title=\"下个月\"" +
nmEvent + "> &gt;</td>";
    output += " <td style=\"" + arrowStyle + "\" title=\"下一年\"" + nyEvent + "> &gt;
&gt;</td>";
    output += " </tr>";
    output += " <tr height=20 align=center bgcolor=" + this.bgColor + ">";
    output += " <td width=14% style=\"" + weekStyle + "\">日</td>";
    output += " <td width=14% style=\"" + weekStyle + "\">一</td>";
    output += " <td width=14% style=\"" + weekStyle + "\">二</td>";
    output += " <td width=14% style=\"" + weekStyle + "\">三</td>";
    output += " <td width=14% style=\"" + weekStyle + "\">四</td>";
    output += " <td width=14% style=\"" + weekStyle + "\">五</td>";
    output += " <td width=14% style=\"" + weekStyle + "\">六</td>";
    output += " </tr>";
    var day = 1;
    for (var row=0; row<6; row++)
    { output += "<tr align=center>";
      for (var col=0; col<7; col++)
      { if (row == 0 && col < firstDay)
        output += "<td style=\"" + mdayStyle + "\">  </td>";
        else if (day <= lastDay)
         {output += "<td style=\"" + mdayStyle + "\" isDay=1>" + day + "</td>";
          day++; }
        else
          output += "<td style=\"" + mdayStyle + "\"></td>";
         }
        output += "</tr>";
      }
    output += " </table>";
    output += "</div>";
    output += " </div>";
    output += "</td>";
    output += "</tr></table>";
    document.write(output);
  }
}
```

（2）编辑 test.html 文件代码如下：

```
<html>
  <head>
     <meta http-equiv="Content-Type" content="text/html; charset=gb2312" />
  <title>JavaScript Calendar,JS 日期选择器,JS 日历插件</title>
  <script src=../js/uc.js></script>
  <script language=javascript>
  //注意,这里的纯 JavaScript 脚本的日期选择器文件 uc.js 被保存在/js 目录下
  //实例化时第一个参数是 input 的 name; 第二个参数是 value,设为"today"就是当天
  var date1 = new NtuCalendar ("date", "2015-03-08");
```

```
  date1.display();                  //直接显示 JS 日期选择器
  </script><br><br>
<script language=javascript>
    //灵活定制一些属性,再次显示 JS 日期选择器
    //事实上直接到 uc.js 中修改默认属性值使用起来会更方便一些,里面有注释
  var date2 = new NtuCalendar ();
  date2.inputName = "date";          //input 的 name
  date2.inputValue = "today";        //input 中显示客户机系统当前时间
  date2.inputSize = 10;              //input 的 size
  date2.inputClass = "";             //input 的 class,这样你就能自己控制 input 的样式
  date2.color = "#000080";           //选择按钮、面板的边框及日历中字的颜色
  date2.bgColor = "#ffdd66";         //选择按钮、面板的背景色
  date2.buttonWidth = 60;            //按钮宽度
  date2.buttonWords = "选择日期";     //按钮显示的文字
  date2.canEdits = false;            //input 是否可以输入
  date2.hidesSelects = true;         //日期选择面板时是否隐藏页面中的 select 控件
  date2.display();
</script>
</head>
<body><br><hr>
    直接使用日期选择器:<br>
<script language=javascript>date1.display();</script><br>
    修饰后的日期选择器:<br>
<script language=javascript>date2.display(); </script><br>
    <hr><br><table border="1">
    <tr> <td>姓名</td><td>出生日期</td><td>专业</td><td>毕业日期</td></tr>
    <tr> <td>张小章</td><td><script language=javascript>date1.display();</script>
</td>
    <td>李小理</td>
    <td><script language=javascript>date2.display();</script></td></tr>
  </table><br>
    纯 JavaScript 写的日期选择器(JS 日历插件)希望大家喜欢。
 </body>
</html>
```

纯 JavaScript 脚本编写的日历选择器运行效果如图 2-11 所示。

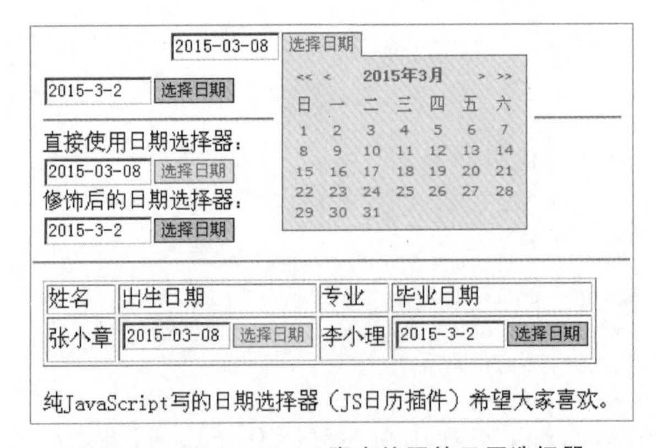

图 2-11　纯 JavaScript 脚本编写的日历选择器

第3章

Java Web开发环境搭建

Tomcat 是一款小型的轻量级应用服务器发布软件，在中小型系统和并发访问用户不是很多的场合下被普遍使用。对 Java 初学者来说，Tomcat 是开发和调试 JSP 程序的首选，随着 Tomcat 新版本的不断发布，Tomcat 在企业 Web 应用服务器市场上的份额也越来越大。

在 Tomcat 中，应用程序的部署很简单，只需将 WAR 或整个应用程序目录放到 Tomcat 的 webapps 目录下即可。Tomcat 会自动检测文件，如果是 WAR 包，Tomcat 将自动将其解压。在浏览器中访问这个应用的 JSP 时，通常第一次会很慢，因为 Tomcat 要将 JSP 转换成 Servlet 类文件，然后再对其编译。后面访问编译后的文件时速度会很快。另外 Tomcat 也提供了一个应用管理器（访问这个应用管理器需要用户名和密码），将用户名和密码存储在一个 XML 文件中。通过这个应用管理器并借助 FTP 协议，用户可以在远端通过 Web 部署和撤销应用。

实验 3.1　第一个 JSP 动态网页

【实验任务】

编写 JSP 动态网页，要求页面运行时，根据当前系统时间输出相应的问候语。

【实验步骤】

(1) 编辑 date.jsp 程序，代码如下。

```
<%@ page language = "java" import = "java.util.*" pageEncoding = "gbk" %>
    <html>
     <head>
          <title> Date </title>
     </head>
    <body>
     <%
        //Calendar 类表示时间,现在其更为常用,所以选择使用它
```

```
        Calendar date = Calendar.getInstance();  //Calendar 对象不能简单地用 new 创建
        int year = date.get(Calendar.YEAR);                              //年
        int month = date.get(Calendar.MONTH) + 1;                        //月,需 + 1 调整
        int day = date.get(Calendar.DATE);                               //日
        int weekDay = date.get(Calendar.DAY_OF_WEEK) - 1;                //星期几
        String[] sweekDay = {"日","一","二","三","四","五","六"};         //将英文转换为中文
        int hour = date.get(Calendar.HOUR_OF_DAY);                       //得到现在的时间
        String welcome = "";
          if(hour>=0&&hour<12){
              welcome = "上午";  }
          elseif(hour>12&&hour<18){
               welcome = "下午"; }
          else{
               welcome = "晚上"; }
    %>
    <% -- 将时间按格式显示出来 -- %>
    <% = welcome %>好!今天是<% = year %>年<% = month %>月<% = day %>日,星期<% = sweekDay
[weekDay] %>
  </body>
</html>
```

(2) 在浏览器输入本程序页面的 URL,请求资源,观察显示效果。

实验 3.2　WAR 包及发布

【实验任务】

将 MyEclipse 下建立的 JSP Web 项目打包,生成 WAR 包,在 Tomcat 下部署并发布。

【实验步骤】

(1) 首先是使用 MyEclipse 将 Web 项目打包。

① 右击项目,选择 Export 选项,如图 3-1 所示。

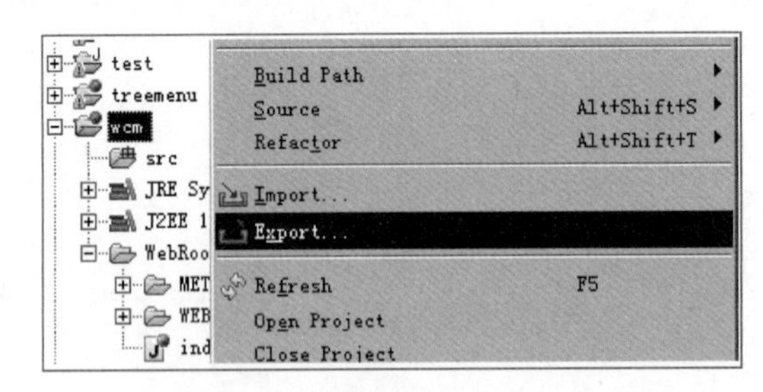

图 3-1　项目生成 WAR 包

② 然后选择 Java EE→WAR File 选项,单击 Next 按钮。

③ 指定 WAR 包的存放路径,如图 3-2 所示。

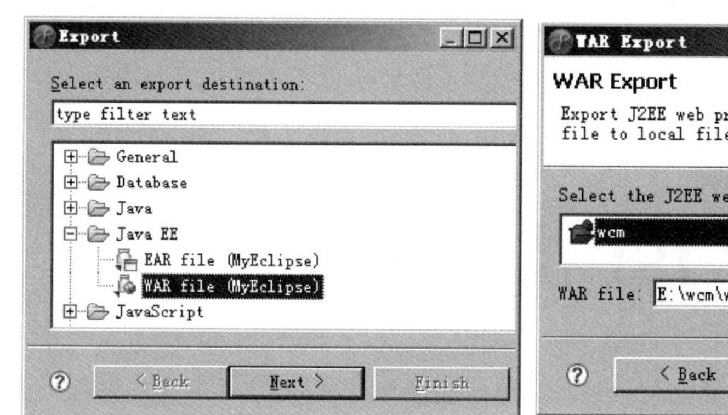

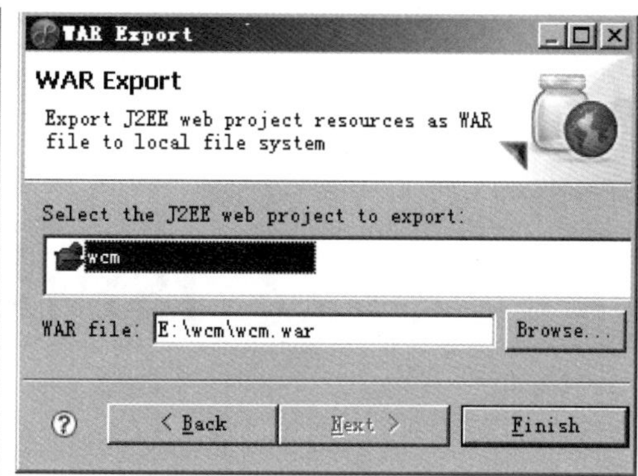

图 3-2　指定 WAR 包的存放路径

（2）打包完成以后将 WAR 文件直接放到 Tomcat 的 webapps 目录下即可，如图 3-3 所示。

图 3-3　发布 WAR 包

（3）运行 Tomcat。在浏览器输入该项目的 URL 进行测试，可先视其效果和正常的 Web 项目发布相同。

第4章

JSP技术基础

一个JSP页面可由普通的HTML标记、JSP标记、成员变量与方法的声明、Java程序片和Java表达式组成。JSP引擎把JSP页面中的HTML标记交给客户的浏览器执行显示，而该引擎自身则负责处理JSP标记、变量和方法声明，并负责运行Java程序片、计算Java表达式，最终将需要显示的结果发送给客户的浏览器。

在JSP页面中，成员变量是被所有用户共享的变量。Java程序片可以操作成员变量，任何一个用户对JSP页面成员变量操作的结果都会影响其他用户。如果多个用户访问一个JSP页面，那么该页面中的Java程序片就会被执行多次，分别运行在不同的线程中，即运行在不同的时间片内。运行在不同线程中的Java程序片的局部变量互不干扰，即使一个用户改变Java程序片中的局部变量的值也不会影响其他用户在Java程序片中的局部变量。

【实验目的】

让学生掌握在JSP页面中使用JSP标签的方法，重点掌握Java程序片、JSP表达式及JSP内置对象的使用方法，熟练掌握JSP的程序设计方法。

实验4.1 JSP程序段

【实验任务】

编写两个JSP页面，其JSP文件分别为inputName.jsp和visitperson.jsp。

inputName.jsp的具体要求：该页面有一个表单，用户通过该表单输入自己的姓名并提交给visitperson.jsp页面。

visitperson.jsp页面的具体要求：该页面有名字为person、类型是StringBuffer及名字为count、类型是int的成员变量。页面包含public void judge()方法。该方法负责创建person对象，当count的值是0时，judge()方法创建person对象。页面包含public void addPerson(String p)方法，该方法将参数p指定的字符串尾加到操作成员变量person，同时将 count 作自增运算。

visitperson.jsp 页面在 JSP 程序段中获取 inputName.jsp 页面提交的姓名，然后调用 judge()方法创建 person 对象、调用 addPerson()方法将用户的姓名追加到成员变量 person。

如果 inputName.jsp 页面没有提交姓名或姓名含有的字符个数大于 10，就使用<jsp:forward>标记将用户请求转到 inputName.jsp 页面。

通过 JSP 表达式输出 person 和 count 的值。

【实验步骤】

(1) 分别编写 inputName.jsp 和 visitperson.jsp 两个文件的代码。

inputName.jsp 参考代码如下所示。

```
<%@ page contentType = "text/html;charset = utf-8" %>
<html>
    <body bgcolor = cyan>
        <font size = 3>
            <form action = "visitperson.jsp" method = "get">
                请输入姓名:
                <input type = "text" name = "name"><br>
                <input TYPE = "submit" value = "加入访问者行列">
            </form>
    </body>
</html>
```

visitperson.jsp 参考代码如下所示。

```
<%@ page contentType = "text/html;charset = utf-8" %>
<html>
    <body bgcolor = yellow>
        <%! int count;
            StringBuffer person;
            public void judge() {
              if (count == 0)
                  person = new StringBuffer();
            }
            public void addPerson(String p) {
              if (count == 0) {
                 person.append(p);
              } else {
                 person.append("," + p);
            }
              count++;
          } %>
     <%
            String name = request.getParameter("name");
            byte bb[] = name.getBytes("iso-8859-1");
            name = new String(bb,"utf-8");
```

```
            if (name == null||name.length() == 0 || name.length() > 10) {
      %>
    <jsp:forward page = "inputName.jsp" />
     <%
          }
          judge();
          addPerson(name);
    %>
          <br> 目前共有<% = count %>人访问过该站点,他们的名字是: <br>
          <font size = 3><% = person %></font><p>
          <a href = "inputName.jsp">返回 inputName.jsp 页面</a><p>
     </body>
</html>
```

(2) 在地址栏输入 inputName.jsp 文件的 URL 地址，观察浏览器显示效果，如图 4-1 所示。

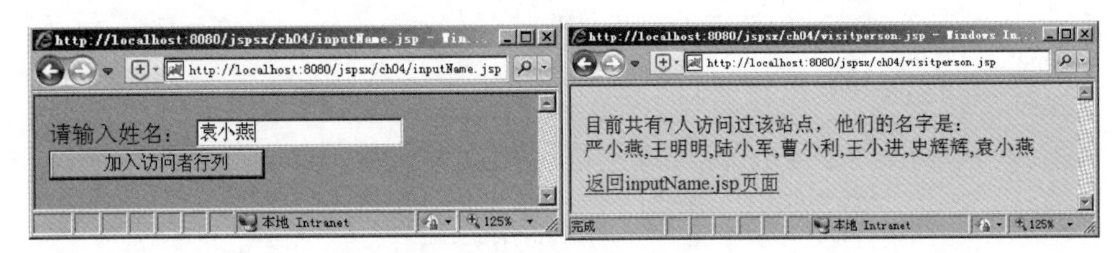

图 4-1　统计访问站点人数

(3) 拓展实验。

修改程序，将访问者显示方式改为表格。

实验 4.2　JSP 指令标记

page 指令：“<%@ page 属性 1="属性 1 的值" 属性 2= "属性 2 的值" …%>”用来定义整个 JSP 页面的一些属性和这些属性的值。比较常用的两个属性是 contentType 和 import。page 指令只能为 contentType 属性指定一个值，但可以为 import 属性指定多个值。

contentType 是让浏览器知道下载的文件要保存为什么类型。当然，真正的文件还是在网络数据流里面的数据，设定一个下载类型并不会去改变网络数据流里的内容。

include 指令标记：“<%@ include file= "文件的 URL" %>”的作用是在 JSP 页面出现该指令的位置处静态插入一个文件。被插入的文件必须是可访问和可使用的，如果该文件和当前 JSP 页面在同一 Web 服务目录中，那么“文件的 URL”就是文件的名字；如果该文件在 JSP 页面所在的 Web 服务目录的一个子目录中，如 fileDir 子目录中，那么“文件的 URL”就是“fileDir/文件的名字”。include 指令标记在编译阶段就会处理所需要的文件，被处理的文件在逻辑和语法上依赖当前 JSP 页面，其优点是页面的执行速度快。

【实验任务】

编写三个 JSP 页面：first.jsp、second.jsp 和 third.jsp。另外，要求用“记事本”编写一

个文本文件 hello.txt。hello.txt 的每行有若干个英文单词，单词之间用空格分隔，每行之间用
分隔。

first.jsp 的具体要求：使用 page 指令设置 contentType 属性的值是“text/plain”，使用 include 指令静态插入 hello.txt 文件。

second.jsp 的具体要求：second.sp 使用 page 指令设置 contentType 属性的值是“application/mspowerpoint”，使用 include 指令静态插入 hello.txt 文件。

third.jsp 的具体要求：使用 page 指令设置 contentType 属性的值是“application/msword”，使用 include 指令静态插入 hello.txt 文件。

本实验的目的是让学生掌握在 JSP 页面中使用 include 指令在 JSP 页面中静态插入一个文件内容的方法，体会 page 指令 contentType 属性值的作用。

【实验步骤】

(1) 编写文本文件 hello.txt 和三个 JSP 页面：first.jsp、second.jsp 和 third.jsp。

hello.txt 文件参考代码如下所示。

```
nantong university jiangsu China
<br>
private throw class hello welcome
```

first.jsp 文件参考代码如下所示。

```
<%@ page contentType="text/plain" %>
<HTML>
 <BODY>
   <FONT size=4 color=blule>
      <%@include file="hello.txt" %>
  </FONT>
 </BODY>
</HTML>
```

second.jsp 文件参考代码如下所示。

```
<%@ page contentType="application/vnd.ms-powerpoint" %>
<HTML>
 <BODY>
   <FONT size=2 color=blule>
      <%@include file="hello.txt" %>
   </FONT>
 </BODY>
</HTML>
```

third.jsp 文件参考代码如下所示。

```
<%@ page contentType="application/msword" %>
<HTML>
 <BODY>
```

```
      <FONT size = 4 color = blule>
        <%@include file = "hello.txt"  %>
      </FONT>
    </BODY>
  </HTML>
```

（2）在地址栏分别输入这些文件的 URL 并观察浏览器显示效果，体会 page 指令 contentType 属性的作用。

first.jsp 运行效果如图 4-2 所示。

图 4-2 first.jsp 运行效果

second.jsp 运行效果如图 4-3 所示。

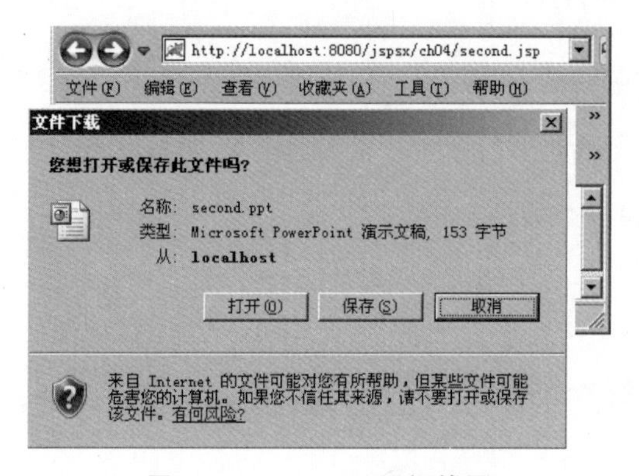

图 4-3 second.jsp 运行效果

third.jsp 运行效果如图 4-4 所示。

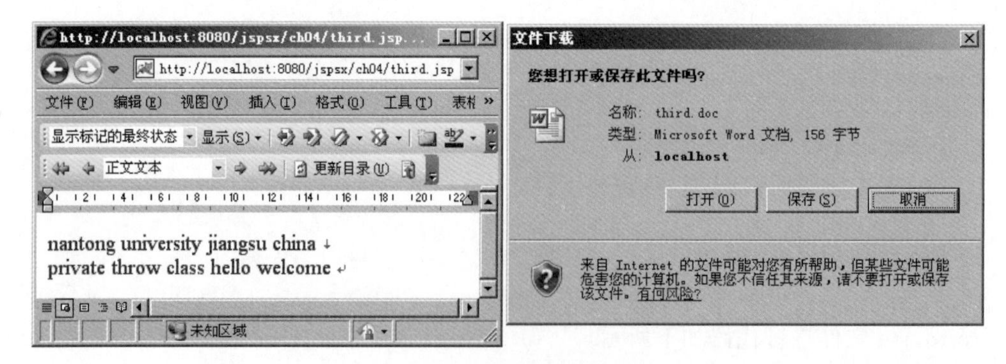

图 4-4 third.jsp 运行效果

实验 4.3　JSP 表格实验

【实验任务】

使用 JSP 程序段动态生成表格(表格数据来自数组或集合类容器),为从数据库获取数据做准备,如图 4-5 所示。

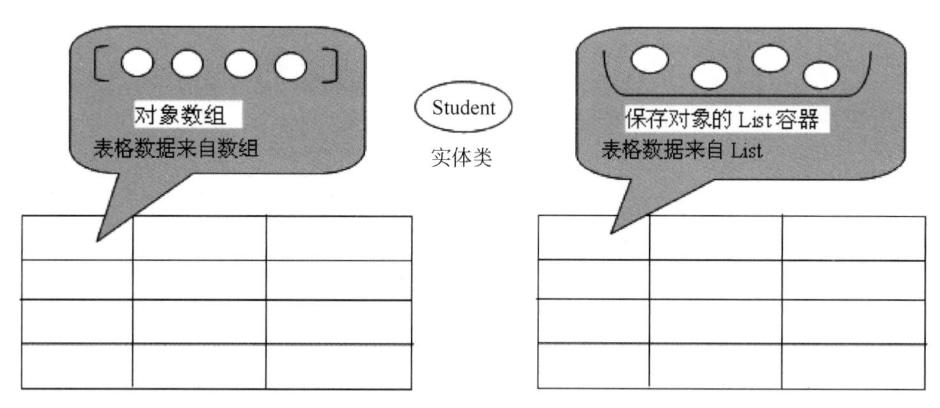

图 4-5　表格数据来自数组或 List 容器

集合类是容器类的数据结构,包括 List、Map、Set 等类。

List：按对象进入的顺序保存对象,不向对象做排序或编辑操作。List 类容器中的值允许重复,因为其为有序的数据结构。

Map：是基于"键"的成对数据结构,Map 类容器的元素键值必须具有唯一性(键不能相同,否则元素的值会被替换)。

Set：对每个对象只接收一次,并使用自己内部的排序方法。Set 类容器中的值不允许重复,且其是无序的。

List 和 Set 是由 Collection 接口派生的两个接口。

【实验步骤】

(1) 编写实体类 bean/Student.java。

Student.java 参考代码如下所示。

```
package bean;
public class Student {
    private String xh;
    private String name;
    private String teleno;
    public Student(){ }
    public Student(String xh,String name,String teleno){
        this.xh = xh;
        this.name = name;
        this.teleno = teleno;
```

```
    }
    public String getXh() {return xh;}
    public void setXh(String xh) {this.xh = xh;}
    public String getName() {return name;}
    public void setName(String name) {this.name = name;  }
    public String getTeleno() {return teleno;}
    public void setTeleno(String teleno) {this.teleno = teleno;}
}
```

(2) 编写 JSP 表格程序，表格中的数据分别来自数组和 List 容器。

table.jsp 参考代码如下所示。

```
<%@ page language = "java" import = "java.util.* " pageEncoding = "utf-8" %>
<%@ page import = "bean.Student" %>
<html>
    <body>
        <%
            //在数组中预先准备好数据
            Student[] stu = { new Student("001", "欧巴马", "13844488101"),
                    new Student("002", "李刚好", "13848888108"),
                    new Student("003", "胡规范", "18844488158") };
            //在 List 中预先准备好数据
            List lstu = new ArrayList();
            lstu.add(new Student("2101", "黄晓敏", "18843488111"));
            lstu.add(new Student("2103", "季试第", "18844488103"));
            lstu.add(new Student("2104", "章里好", "18745488145"));
        %>
        //从数组中取出数据放入表格中
        <table border = "1" bgcolor = "#aa8899">
            <tr><td> 学号</td><td>姓名</td><td>联系电话</td>
            </tr>
            <%
                for (int i = 0; i < stu.length; i++) {
            %>
            <tr>
                <td><% = stu[i].getXh() %></td>
                <td><% = stu[i].getName() %></td>
                <td><% = stu[i].getTeleno() %></td>
            </tr>
            <%
                }
            %>
        </table>
          //从 List 中取出数据放入表格中
        <table border = "1" bgcolor = "#ddaa99">
            <tr><td>学号</td><td>姓名</td><td>联系电话</td></tr>
            <%
                for (int i = 0; i < lstu.size(); i++) {
            %>
            <tr>
                <td><% = ((Student) lstu.get(i)).getXh() %></td>
                <td><% = ((Student) lstu.get(i)).getName() %></td>
                <td><% = ((Student) lstu.get(i)).getTeleno() %></td>
            </tr>
            <%
```

```
                }
            %>
        </table>
            //从 List 中取出数据放入表格中
        <br> 【学号带超链接】
        <table border = "1" bgcolor = "#aaff77">
            <tr><td>学号</td><td>姓名</td><td>联系电话</td></tr>
            <%
                for (int i = 0; i < lstu.size(); i++) {
            %>
            <tr>
                <td>
                    <a href = detail.jsp?xh = <% = ((Student) lstu.get(i)).getXh() %>>
                      <% = ((Student) lstu.get(i)).getXh() %></a>
                </td>
                <td><% = ((Student) lstu.get(i)).getName() %></td>
                <td><% = ((Student) lstu.get(i)).getTeleno() %></td>
            </tr>
            <%
                }
            %>
        </table>
    </body>
</html>
```

detail.jsp 参考代码如下所示。

```
<%@ page language = "java" import = "java.util.*" pageEncoding = "utf-8" %>
<html>
  <head>
    <title>detail.jsp</title>
  </head>
  <body>
    <%                                                       //对于中文参数,要重新解码编码
        String xh = request.getParameter("xh");              //获得请求参数
          //byte[] bytes = xh.getBytes("ISO-8859-1");
                                                           //用 ISO-8859-1 格式分解成字节数组
          //xh = new String(bytes,"utf-8");                   //将字节数组重新解码成字符串
    %>
        学号为<font size = 4 color = "red"><% = xh %></font>同学的详细信息如下<br>
        <img src = ../img/<% = xh %>.jpg>
  </body>
</html>
```

(3) 在地址栏输入 table.jsp 文件的 URL,观察浏览器显示效果,如图 4-6 所示。

(4) 编写下列程序,该程序将从 Map 集合类容器中获取数据,并将数据填入表格中。tablemap.jsp 参考代码如下所示。

```
<%@ page language = "java" import = "java.util.*" pageEncoding = "utf-8" %>
<%@ page import = "bean.Student" %>
<!DOCTYPE HTML PUBLIC "-//W3C//DTD HTML 4.01 Transitional//EN">
<html>
  <head>
    <title>JSP 表格数据来自集合容器 Map 实验</title>
```

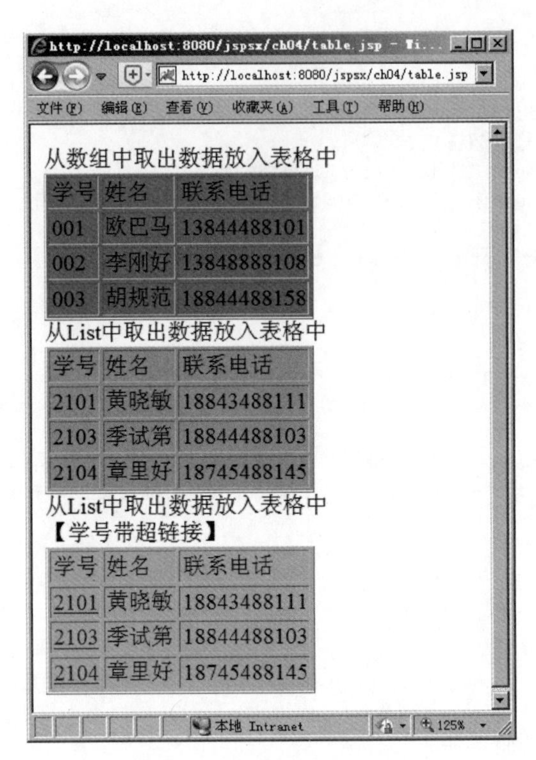

图 4-6 动态表格运行效果

```
</head>
<body>
  <%//在 Map 集合中放入 3 个对象,再从集合容器中取出数据,将之放入表格输出
      Map mstu = new HashMap();
      mstu.put("A011", new Student("001","奥小马","13844488101"));
      mstu.put("A012", new Student("002","普小京","13848888108"));
      mstu.put("A013", new Student("003","平通生","18844488158"));
  %>
  <hr> 从 Map 中获取数据<br>
  <table  border = "1" bgcolor = "#aaff88">
  <tr><th>学号</th><th>姓名</th></tr>
  <%
  Set xhSet = mstu.keySet();                          //获得学号的 Set 集合
  Object[] xh_A = xhSet.toArray();  //将学号的 Set 集合转为 xh_A 数组,以便根据 Key
                                    //获取 Value
     Student ss = new Student();
     for (int i = 0; i < xh_A.length; i++) {
         //根据从学号数组中取出的学号键值到 Map 中找出 Student 对象
          ss = (Student)mstu.get((String)xh_A[i]);
       %>
       <tr><td><% = ss.getXh() %></td><td><% = ss.getName() %></td></tr>
   <% } %>
   </table>
  </body>
</html>
```

程序运行效果如图 4-7 所示。

图 4-7 表格数据来自 Map 容器

(5) 拓展实验。

将班级部分同学信息存入数组和集合类容器,再以表格形式输出数组和集合类中的同学信息。

实验 4.4 JSP 动作标记

<jsp:include page="文件的 URL"/>动作标记是在 JSP 页面运行时才处理加载的文件,被加载的文件在逻辑和语法上独立于当前 JSP 页面。include 动作标记可以使用 param 动作标记作为子标记,以便向被加载的 JSP 文件传递信息。

<jsp:forward page="页面 URL" />动作标记的作用是从该指令处停止当前页面的执行,而转向执行 page 属性指定的 JSP 页面。forward 动作标记可以使用 param 动作标记作为子标记,以便向要转向的 JSP 页面传送信息。

【实验任务】

编写 4 个 JSP 页面: one. jsp、two. jsp、three. jsp 和 error. jsp。one. jsp、two. jsp 和 three. jsp 页面都含有一个导航条,以便让用户方便地单击超链接访问这 3 个页面,要求这 3 个页面通过使用 include 动作标记动态加载导航条文件 head. txt。

本实验的目的是让学生掌握在 JSP 页面中使用 include 动作标记动态加载文件; 使用 forward 动作标记实现页面的转向。

【实验步骤】

(1) 在 WebRoot\ch04 目录下编写导航条文件 head. txt,内容如下所示。

```
<%@ page contentType = "text/html;charset = GB2312"  %>
 <table  cellSpacing = "1" cellPadding = "1" width = "60 % " align = "center" border = "0" >
```

```
  <tr valign = "bottom">
    <td><a href = "one.jsp"><font size = 3> one.jsp 页面</font></a></td>
    <td><a href = "two.jsp"><font size = 3> two.jsp 页面</font></a></td>
    <td><a href = "three.jsp"><font size = 3> three.jsp 页面</font></a></td>
  </tr>
  </Font>
</table>
```

(2) 编写 JSP 页面文件 one.jsp、two.jsp、three.jsp 和 error.jsp。

one.jsp 页面有一个表单，用户使用该表单可以输入一个 1～100 的整数，并提交给页面；如果输入的整数在 50～100(不包括 50)就转向 three.jsp，如果在 1～50 则转向 two.jsp；如果输入不符合要求就转向 error.jsp。要求 forward 动作标记在实现页面转向时，使用 param 子标记将整数传递到转向的 two.jsp 或 three.jsp 页面，将有关输入错误传递到转向的 error.jsp 页面。

two.jsp 和 three.jsp 能输出 one.jsp 传递过来的值，并显示一幅图像，该图像的宽和高刚好是 one.jsp 页面传递过来的值。error.jsp 页面能显示有关的错误信息和一幅图像。

① one.jsp 参考代码如下所示。

```
<%@ page contentType = "text/html;charset = GB2312" %>
<html>
<head>
    <jsp:include page = "head.txt" />
</head>
    <body bgcolor = yellow>
        <form action = "" method = get name = form>
            请输入 1～100 的整数<br>
              1～50 转 two.jsp、51～100 转 three.jsp。<br>
              并且显示图像，图像大小与输入的数值一致。<br>
              (输入非数字则转 error.jsp)：<p>
            <input type = "text" name = "number"><p>
            <input TYPE = "submit" value = "送出" name = submit>
        </form>
        <%
            String num  =  request.getParameter("number");
            if (num == null) {
                num = "0";
            }
            try {
                int n = Integer.parseInt(num);
                if (n >= 1 && n <= 50) {
        %>
        <jsp:forward page = "two.jsp">
            <jsp:param name = "number" value = "<% = n %>" />
        </jsp:forward>
        <%
            } else if (n > 50 && n <= 100) {
        %>
            <jsp:forward page = "three.jsp">
              <jsp:param name = "number" value = "<% = n %>" />
```

```
            </jsp:forward>
        <%
            }
            } catch (Exception e) {
        %>
            <jsp:forward page="error.jsp">
              <jsp:param name="mess" value="<% =e.toString() %>" />
            </jsp:forward>
        <%
            }
        %>
    </body>
</html>
```

② two.jsp 参考代码如下所示。

```
<%@ page contentType="text/html;charset=utf-8" %>
<html>
    <head>
        <jsp:include page="head.txt" />
    </head>
    <body bgcolor=yellow><P>
    <font size=3 color=blue> 这是 two.jsp 页面 </font>
    <font size=3>
      <% String s = request.getParameter("number");
       out.println("<br>传递过来的值是" + s);  %></font><br>
      <img src="../img/bdlg.jpg" width="<% =s %>" height="<% =s %>"></img>
     <p><a href="one.jsp">返回 one 页面</a>
    </body>
</html>
```

③ three.jsp 参考代码如下所示。

```
<%@ page contentType="text/html;charset=utf-8" %>
<html>
 <head>
    <jsp:include page="head.txt" />
 </head>
 <body bgcolor=yellow><p>
    <font size=3 color=red> 这是 three.jsp 页面 </font>
    <font size=3>
    <%
     String s = request.getParameter("number");
     out.println("<br>传递过来的值是" + s); %></font><br>
    <img src="../img/ayst.jpg" width="<% =s %>" height="<% =s %>"></img>
    <p><a href="one.jsp">返回 one 页面</a>
  </body>
</html>
```

④ error.jsp 参考代码如下所示。

```
<%@ page contentType="text/html;charset=utf-8" %>
```

```
<html>
<head>
  <jsp:include page = "head.txt"/>
</head>
  <body bgcolor = yellow>
  <p><font size = 4 color = red>这是 error.jsp 页面</font>
  <font size = 2>
  <%
     String s = request.getParameter("mess");
     out.println("<br>输入的不是数值哦!<br>数据格式异常信息: " + s);
  %></font>
  <br><img src = "../img/error.jpg" width = "120" height = "120"></img>
  <p><a href = "one.jsp">返回 one 页面</a>
  </body>
</html>
```

（3）运行程序，观察效果，如图 4-8 所示。

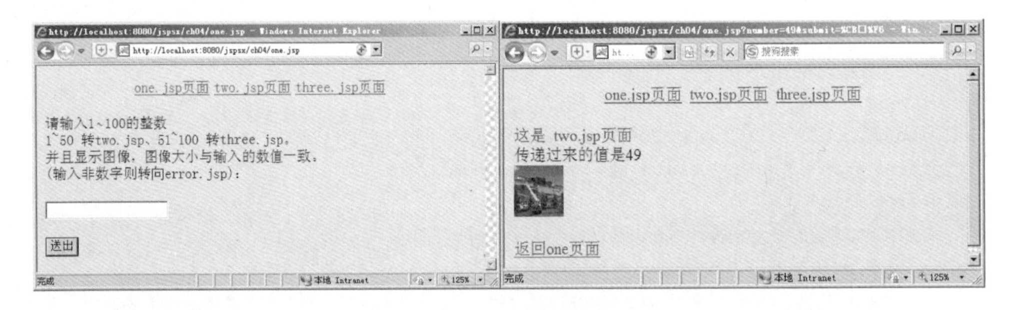

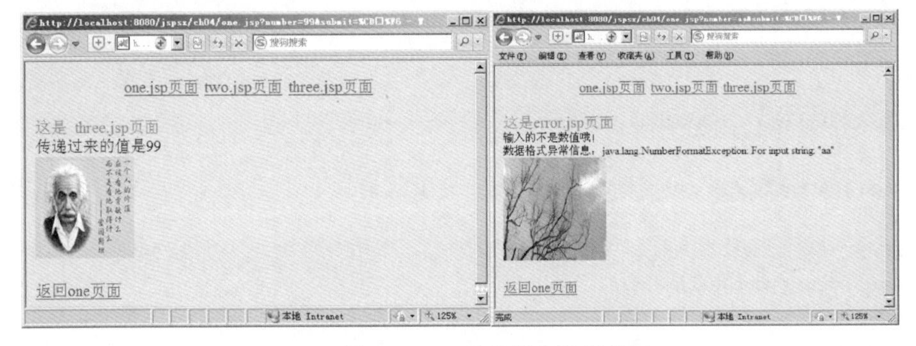

图 4-8　JSP 动作标记运行效果

实验 4.5　request 对象

与用户互动之前需要先知道用户的需求，然后根据这些需求生成用户期望看到的结果。在 Web 应用中，用户的需求往往被抽象成一个 request 对象。request 为 JSP 中最常用的对象之一，用于封装客户端的请求信息，通过调用相应的方法获取客户端提交的信息。从 request 对象中可以获取客户端用户提交的数据或参数，这个对象只有接收用户请求的页面才能访问。

request 对象中也包括一些服务器的信息，如端口、真实路径、访问协议等。通过

request 对象还可以获取服务器的参数。

【实验任务】

编写 JSP 程序，显示从 request 对象中获取的客户端提交的数据或参数。

【实验步骤】

(1) 编写程序。

reqtest.jsp 参考代码如下所示。

```
<%@ page language = "java" import = "java.util.*" contentType = "text/html;charset =
gb2312"%>
<html>
  <head>
    <title>request 主要方法调用示例</title>
  </head>
  <body>
  <font size = "2">
  request 主要方法调用示例: <br>
  <%
    request.setAttribute("attr","Hello!");
    out.println("attr 属性的值为: " + request.getAttribute("attr") + "<br>");
    out.println("上下文路径为: " + request.getContextPath() + "<br>");
    out.println("Cookies:" + request.getCookies() + "<br>");
    out.println("Host:" + request.getHeader("Host") + "<br>");
    out.println("ServerName:" + request.getServerName() + "<br>");
    out.println("ServerPort:" + request.getServerPort() + "<br>");
    out.println("RemoteAddr:" + request.getRemoteAddr() + "<br>");
    request.removeAttribute("attr");
    out.println("属性移除操作以后 attr 属性的值为: " + request.getAttribute("attr") +
"<br>");
    out.println("Web 服务器的物理路径: " + this.getServletContext().getRealPath("") +
"<br>");
   %>
   </font>
  </body>
</html>
```

(2) 在地址栏输入 request.jsp 文件的 URL，观察浏览器显示效果，如图 4-9 所示。

(3) 编写用户表单 JSP 程序，显示用户表单参数传递的结果。

在表单中，method 取值 post 或 get，其主要区别体现在数据发送方式和接收方式上：get 方式在通过 URL 提交数据时提交信息会显示在地址栏中。一般说来，应尽量避免使用 get 方式提交表单，因为这样有可能会导致安全问题。例如，在登录表单中用 get 方式，用户输入的用户名和密码将在地址栏中暴露无遗。

在开发 Web 程序时，一定会接触到表单信息的提交及接收，因此不可避免地会使用

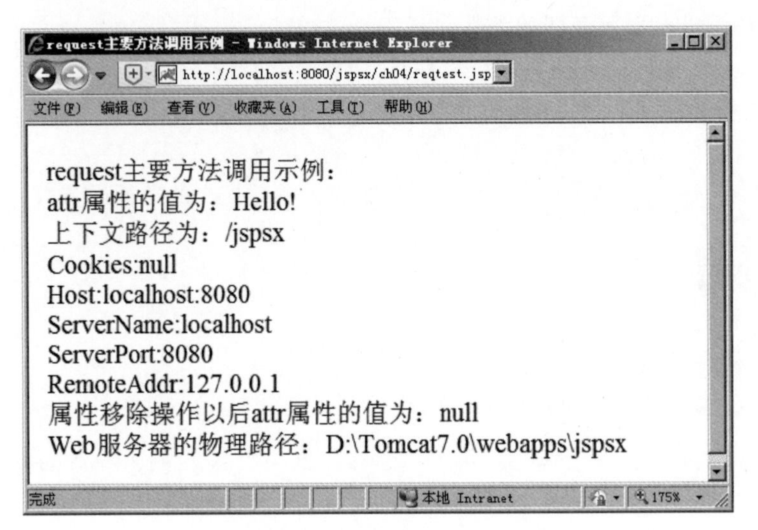

图 4-9　从 request 对象获得的参数

request 对象及使用 post 提交表单。

① reqform.jsp 参考代码如下所示。

```
<%@ page language = "java" pageEncoding = "utf - 8"  %>
<html>
<body>
<form action = "req_recv.jsp" method = "post">
<table border = "1">
   <tr><td>用户名：</td>  <td><input type = "text" name = "name"></td></tr>
   <tr><td>密码：</td><td><input type = "password" name = "password"></td></tr>
   <tr><td colspan = 2 >
           <input type = "checkbox" name = "like" value = "骑车" />骑自行车
           <input type = "checkbox" name = "like" value = "驾车" />驾驶小汽车 </td></tr>
    <tr align = center><td colspan = 2 >
           <input type = "submit" value = "提交">
           <input type = "reset" value = "取消"></td></tr>
   </table>
   </form>
  </body>
</html>
```

② req_recv.jsp 参考代码如下所示。

```
<%@ page language = "java" pageEncoding = "utf - 8" contentType = "text/html; charset = utf -
8" %>
<%@ page import = "java.util.Enumeration" %>
<html>
<head>
    <title>request 对象测试</title>
</head>
<body>
  <%
      request.setCharacterEncoding("utf - 8");
```

```
        String parameterName = null;
        String[] parameterValue = null;
    %>
    <p>
使用 request.getParameter("name")取得的值:
    <%   out.println(request.getParameter("name"));   %>
<p>使用 request.getParameterNames()取得表单所有参数的值:<br>
    <%    Enumeration en = request.getParameterNames();
            int j = 0;
            while(en.hasMoreElements()){
            parameterName = (String) en.nextElement();
            parameterValue = request.getParameterValues(parameterName);
            out.println("表单参数名称:" + parameterName + " = ");
  %>
  <%                                                          //逐个输出该表单参数的值
      for(int i = 0;i < parameterValue.length;i++){   %>
  <% = parameterValue[i] %>
  <% } %>  <br>
  <% } %>
</body>
</html>
```

(4) 运行用户表单参数传递程序,效果如图 4-10 所示。

图 4-10 用户表单参数传递

实验 4.6 session 对象使用

在 Web 中,session 有两个含义:一是代表一种生命周期;一般指用户在浏览某个网站时,从进入网站到浏览器关闭所经过的这段时间,也就是用户浏览这个网站所花费的时间;二是容器性的内置对象,由服务器自动为用户创建,为该用户独享,常用来存放 session 生命周期中用户产生的有关信息。

【实验任务】

模拟一个简单的用户登录动作,在这个实验程序中不对提交的登录信息做具体的验证,只要用户名和密码都不为空就可以登录。在登录时,将用户信息保存在 session 对象中。这样处理只是为了方便说明 session 的使用方法,在具体的开发中必须要对登录信息进行数据库验证。

【实验步骤】

(1) 编写 3 个 JSP 程序 login.jsp、loginCheck.jsp、main.jsp,程序功能分别是进行用户登录、登录信息处理和登录后的工作页面中获取保存在 session 中的用户信息。

① login.jsp 参考代码如下所示。

```
<%@ page language="java" import="java.util.*" contentType="text/html;charset=utf-8" %>
<html>
  <head>
    <title>用户登录页面</title>
  </head>
  <body>
    <font size="2">
      <form action="loginCheck.jsp" method="post">
               用户名:<input type="text" name="userName" size="10"/><br>
               密  码:<input type="password" name="passWord" size="10"/><br></font>
      <font size="1" color="green">(提交后,用户名将被存入 session 中)</font><br>
       <input type="submit" value="提交">
       </form>
  </body>
</html>
```

上面这个 JSP 页面向 loginCheck.jsp 提交了一个登录表单,表单中包含了用户名和密码。

② loginCheck.jsp 参考代码如下所示。

```
<%@ page language="java" import="java.util.*" contentType="text/html;charset=utf-8" %>
<html>
  <head>
    <title>用户登录验证页面</title>
  </head>
  <%
     request.setCharacterEncoding("utf-8");
     String userName = request.getParameter("userName");
     String passWord = request.getParameter("passWord");
     if(userName.length()>0&&passWord.length()>0)
       {
         session.setAttribute("uname",userName);
         response.sendRedirect("main.jsp");
        }else
         response.sendRedirect("login.jsp");
   %>
  <body>
  </body>
```

```
</html>
```

在 loginCheck.jsp 中，程序从 request 对象中取出用户名和密码，如果用户名和密码都不为空就允许登录，否则就重定向到登录页面，让用户重新登录。如果用户登录成功，就将用户名存入 session 中，然后重定向到系统的主页面 main.jsp，在主页面中获取 session 中的用户名。在实际应用中，用户浏览站点时的当前用户提示信息就是如此。

③ main.jsp 参考代码如下所示。

```
<%@ page language = "java" import = "java.util.*" contentType = "text/html;charset = utf -
8" %>
<html>
  <head>
    <title>系统主页面</title>
  </head>
  <body>
    <font size = "2">
    <%
        String uname = (String)session.getAttribute("uname");
        if(uname!= null)
           out.print("登录成功!欢迎" + uname + "浏览站点!");
        else
          response.sendRedirect("login.jsp");
      %><br>
     <font size = "1" color = "green">上述名字<% = uname %>是从 session 中取出的</font>
   </font>
  </body>
</html>
```

在上面 main.jsp 页面中，程序对用户的状态进行了判断：如果从 session 中可以取出对应的属性值，则说明用户已经登录；如果没有取得指定属性值，则说明用户没有登录，这时将重定向到登录页面，让用户重新登录。其中，session 的值在用户离开系统之前的任何页面都可以访问。

(2) 在地址栏输入 login.jsp 文件的 URL，观察浏览器显示效果，体会 session 的作用和用法，如图 4-11 所示。

图 4-11 session 对象应用

实验 4.7 利用 application 对象实现访问统计

application 对象保存着整个 Web 应用运行期间的全局数据和信息，从 Web 应用开始运行，就会创建这个对象，在整个 Web 应用运行期间，程序可以在任何 JSP 页面中访问这个对象。如果要保存在整个 Web 应用运行期间都可以访问的数据，则必然要用到 application 对象。

【实验任务】

编写 JSP 程序，利用 application 对象实现网站访问计数。

【实验步骤】

(1) 编写 visitcount.jsp 程序。

visitcount.jsp 参考代码如下所示。

```
<%@ page language="java" import="java.util.*" contentType="text/html;charset=
gb2312"%>
<html>
  <head>
    <title>利用 application 对象实现的计数器示例</title>
  </head>
  <body>
    <font size="2">
      <%
        int count=0;
        if(application.getAttribute("count")==null)
        {
          count = count +1;
          application.setAttribute("count",count);
        }else
         {
          count = Integer.parseInt(application.getAttribute("count").toString());
          count = count + 1;
           application.setAttribute("count",count);
         }

         out.println("您是本系统的第"+count+"位访问者!");
       %>
    </font>
  </body>
</html>
```

(2) 运行程序，利用 application 对象统计站点访问量的效果如图 4-12 所示。

在上面这个程序中，当第一次访问时程序会把 count 的初始值设置为 1，以后每次刷新

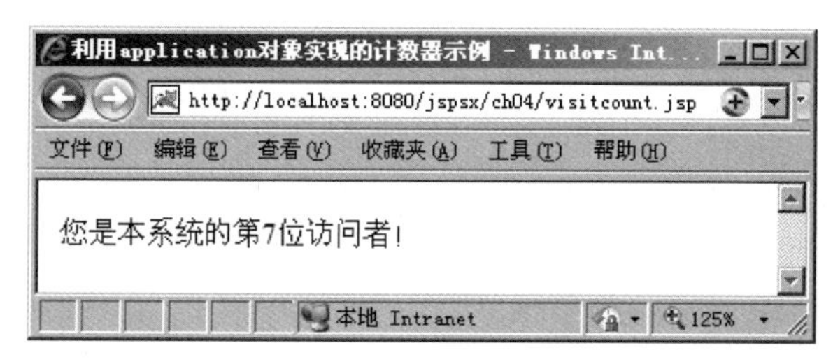

图 4-12　利用 application 对象统计站点访问量

的时候累加 count 的值。上面这个计数器的运行过程中，多个页面之间会共享计数器的值，而且关闭浏览器后再次新开窗口时，以前计数器的值还会保留，这就是 application 和 session 最大的区别。

实验 4.8　JSP 中文乱码的解决方案

【实验任务】

编写 JSP 程序，解决 JSP 中文乱码问题，主要解决 URL 传递参数乱码和表单参数中文乱码这两个问题。

【实验步骤】

(1) 解决 URL 传递参数中文乱码问题。编写 messy1.jsp 程序，该程序说明了在使用 get 方法提交表单时传递的参数中出现中文乱码时的解决办法。

messy1.jsp 参考代码如下所示。

```
<%@ page language = "java" import = "java.util.*" contentType = "text/html; charset =
gb2312" %>
<html>
  <head>
    <title>URL 传递参数中文处理示例</title>
  </head>
  <%
    String param = request.getParameter("param");
  %>
  <body>
    <a href = "messy1.jsp?param = '中文'">请单击这个链接</a><br>
    你提交的参数为: <% = param %>
  </body>
</html>
```

表单传递参数中文乱码如图 4-13 所示。

上面这个 JSP 程序的功能就是通过一个 URL 链接向自身传递一个参数，且这个参数是一个中文字符串。

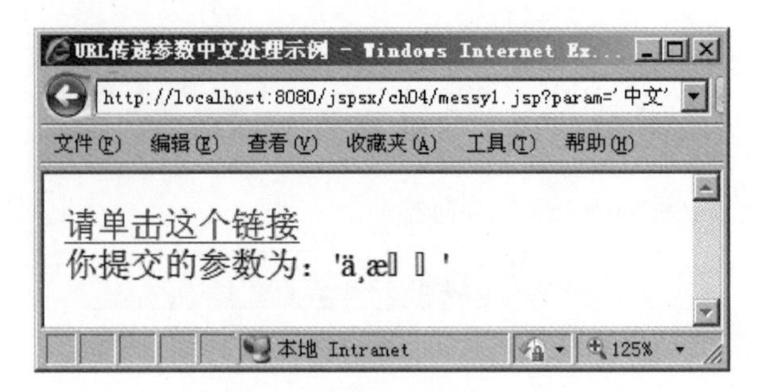

图 4-13 表单传递参数中文乱码

解决办法 1：将获取的参数二次编码，先将获得的表单参数按 ISO 8859-1 编码转换为字节数组，再将字节数组按 UTF-8 编码重新生成字符串，即将语句"String param = request.getParameter("param");"改为"String param = new String((request.getParameter("param")).getBytes("iso8859-1"),"utf-8");"即可。

解决办法 2：修改 Tomcat 服务器的配置文件。修改 Tomcat 的 conf 目录下的 server.xml 文件，具体改后的代码：

```
<Connector port = "8080" protocol = "HTTP/1.1" URIEncoding = "gb2312"
       connectionTimeout = "20000"
       redirectPort = "8443" />
```

也就是在原来代码中添加 URI 编码设置 URIEncoding="gb2312"，然后重启 Tomcat 服务器就可以得到正确的页面。

(2) 解决表单提交中文乱码问题。编写程序 messy2.jsp，对于表单提交的参数来说，可以使用 request.getParameter("参数名")的方法获取之，但是当表单中出现中文数据时就会出现乱码。

messy2.jsp 参考代码如下所示。

```
<%@ page language = "java" import = "java.util.*" contentType = "text/html;charset = utf -
8" %>
<html>
    <head>
        <title>Form 中文处理示例</title>
    </head>
    <body>
      <% //request.setCharacterEncoding("utf - 8"); %>
      <font size = "2">
               下面是表单提交的内容:
      <form action = "messy2.jsp" method = "post">
               用户名: <input type = "text" name = "userName" size = "10"/>
               密  码: <input type = "password" name = "password" size = "10"/>
          <input type = "submit" value = "提交">
      </form>
      </font><hr>
      <font size = "2"> 下面是表单提交以后用 request 取到的表单数据: <br>
          <%
               String userName  =  request.getParameter("userName");
               String password  =  request.getParameter("password");
```

```
                if(null!= userName){
                    out.println("表单输入 userName 的值 = " + userName + "<br>");
                    out.println("表单输入 password 的值 = " + password + "<br>");
                }
                else{out.println("表单参数尚未提交!");}
            %>
        </font>
    </body>
</html>
```

在上面的程序中，表单向本页面提交了两项数据。当表单输入的数据中有中文时，得到的结果将会出现乱码，如图 4-14 所示。

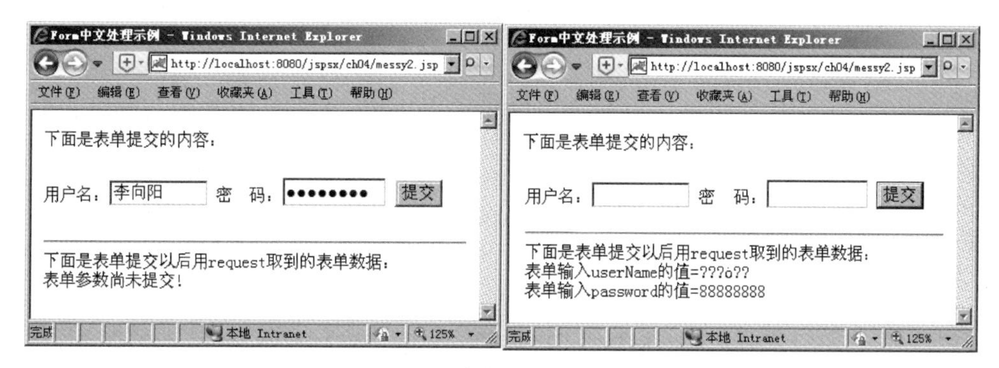

图 4-14　表单输入中文乱码

解决办法：在 body 域前部增加语句<%request.setCharacterEncoding("utf-8")；%>，即指定按 UTF-8 编码方式从 request 对象中获取参数。

第5章

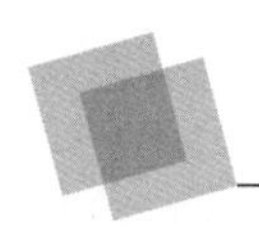

使用JSP访问数据库

本章实验中所用的数据库名称为 student，其中的表名为 stuinfo。在进行实验之前需要先完成数据库和表的创建。

创建数据库步骤如下。

（1）使用 Navicat for MySQL 创建一个 MySQL 数据库 student。注意，数据库字符集应选 UTF-8。

（2）在数据库 student 中创建 stuinfo 表，或者直接从 Excel 导入学生名单表，并将表名命名为 stuinfo。表结构如图 5-1 所示。

名	类型	长度	十进位	允许空?..	
xh	varchar	10	0	☐	🔑
name	varchar	10	0	☑	
sex	varchar	2	0	☑	
tele	varchar	15	0	☑	

图 5-1　stuinfo 表结构示意图

（3）从 Excel 导入学生名单生成 stuinfo 表的操作如图 5-2 所示。

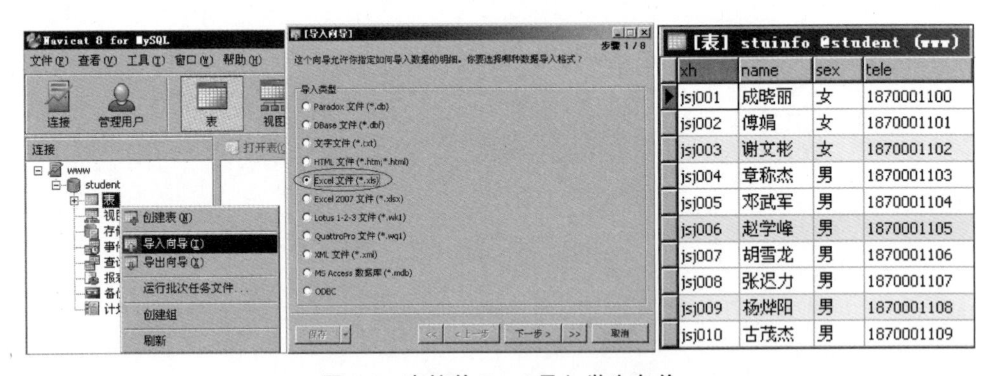

图 5-2　直接从 Excel 导入学生名单

【实验目的】

理解 JDBC 的工作原理，掌握使用 JDBC 连接数据库的基本步骤。

实验 5.1 查询记录

【实验任务】

编写 JSP 程序，使用 JDBC 访问数据库，查询数据库中表的记录。实验目的是让学生掌握使用 JDBC 查询数据库中表的记录的方法。

将访问 MySQL 数据库的 JDBC 驱动 JAR 包复制到 WebRoot→ WEB-INF→ lib 目录中。

在 JSP 目录下使用 JDBC 访问数据库的编程要点如下。

（1）添加 page 指令。

```
<%@ page import = "java.sql.*" %>
```

（2）加载 MySql 驱动。

```
Class.forName("com.mysql.jdbc.Driver");
```

（3）创建连接对象。

```
String conStr = "jdbc:mysql://localhost:3306/student?useUnicode = true&characterEncoding =
utf - 8";
Connection con = DriverManager.getConnection(conStr,"root","123");
```

（4）创建 Statement 语句对象。

```
Statement stmt = con.createStatement();
```

（5）向数据库发送关于查询记录的 SQL 语句，返回查询结果，即 ResultSet 对象。

```
ResultSet  rs = stmt.executeQuery(查询 stuinfo 表的 SQL 语句);
```

【实验步骤】

（1）编写 4 个 JSP 页面：searchStu.jsp、byXh.jsp、byName.jsp、allStu.jsp 页面。

searchStu.jsp 的具体要求：提供两个表单。其中一个表单允许用户输入要查询的学生的学号，即输入 stuinfo 表中 xh 字段的查询条件，然后将查询条件提交给 byXh.jsp；另一个表单允许用户输入要查询的学生姓名，即输入 stuinfo 表中 name 字段的查询条件，然后将查询条件提交给 byName.jsp。

byXh.jsp 的具体要求：首先获得 searchStu.jsp 提交的关于 xh 字段的查询条件，然后使用 JDBC 查询。

byName.jsp 的具体要求：首先获得 searchStu.jsp 提交的关于 name 字段的查询条件，然后使用 JDBC 查询。

① searchStu.jsp 参考代码如下所示。

```
<%@ page language = "java" import = "java.util. * " pageEncoding = "UTF - 8" %>
<!DOCTYPE HTML PUBLIC " - //W3C//DTD HTML 4.01 Transitional//EN">
<html>
<head>
    <title>查询学生信息</title>
</head>
<body  bgcolor = "#99DD99">
    <FORM action = "byXh.jsp" Method = "post">
        根据学号查询<BR>
        输入学号:<Input type = text name = "xh">
                <Input type = submit value = "提交">
    </Form>
    <FORM action = "byName.jsp" Method = "post">
        根据姓名(可模糊)查询<BR>
        姓名含有: <Input type = text name = "name" size = 5>
                <Input type = submit value = "提交">
    </Form>
    <a href = "allStu.jsp" >显示全部学生信息</a>
</body>
</html>
```

② byXh.jsp 参考代码如下：

```
<%@ page language = "java" import = "java.util. * " pageEncoding = "utf - 8" %>
<%@ page import = "java.sql. * " %>
<!DOCTYPE HTML PUBLIC " - //W3C//DTD HTML 4.01 Transitional//EN">
<html>
<head>
    <title>根据学号查询学生信息</title>
</head>
<body bgcolor = cyan>
 <% String number  =  request.getParameter("xh");
        Class.forName("com.mysql.jdbc.Driver");
     Connection con  =  DriverManager.getConnection ( " jdbc: mysql://localhost: 3306/student?
useUnicode =
true&characterEncoding = GBk","root","123");
    Statement stmt  =  con.createStatement(ResultSet.TYPE_SCROLL_INSENSITIVE,
ResultSet.CONCUR_READ_ONLY);
    String seleStr = "SELECT  *  FROM stuinfo Where xh  =  '" + number + "'";
          ResultSet rs = stmt.executeQuery(seleStr);
          if(!rs.next()){out.print("没有找到学号为" + number + "的同学!");}
          else
          {
          %>根据学号<% = number %>查询到的学生信息:
          <table   bgcolor = yellow   border = 1>
           <tr bgcolor = "#00FF99">
        <td><% = rs.getString("xh") %></td>
        <td><% = rs.getString("name") %></td>
        <td><% = rs.getString("sex") %></td>
        <td><% = rs.getString("tele") %></td>
      </tr>
```

```
    </table>
    <br>
    <%}
    rs.close();
    stmt.close();
%>
</body>
</html>
```

③ byName.jsp 参考代码如下所示。

```
<%@ page language="java" import="java.util.*" pageEncoding="utf-8"%>
<%@ page import="java.sql.*"%>
<!DOCTYPE HTML PUBLIC "-//W3C//DTD HTML 4.01 Transitional//EN">
<html>
<head>
    <title>根据姓名查询学生信息</title>
</head>
<body bgcolor=cyan>
 <%
 request.setCharacterEncoding("utf-8");
 String name=request.getParameter("name");
    Class.forName("com.mysql.jdbc.Driver");
    Connection con = DriverManager.getConnection("jdbc:mysql://localhost:3306/student?
                    useUnicode=true&characterEncoding=GBk","root","123");
    Statement stmt = con.createStatement(ResultSet.TYPE_SCROLL_INSENSITIVE,
                    ResultSet.CONCUR_READ_ONLY);
    String seleStr="SELECT * FROM stuinfo Where name Like '%"+name+"%'";
    ResultSet rs=stmt.executeQuery(seleStr);
        if(!rs.next()){out.print("没有找到姓名为"+name+"的同学!");}
        else
        {
        %>根据姓名<%=name%>查询到的学生信息:
        <table  bgcolor=yellow  border=1>
         <tr bgcolor="#DD8899">
      <td><%=rs.getString("xh")%></td>
      <td><%=rs.getString("name")%></td>
      <td><%=rs.getString("sex")%></td>
      <td><%=rs.getString("tele")%></td>
   </tr>
  </table>
  <br>
  <%}
  rs.close();
  stmt.close();
   %>
</body>
</html>
```

④ allStu.jsp 参考代码如下所示。

```
<%@ page language="java" import="java.util.*" pageEncoding="utf-8"%>
```

```
<%@ page import = "java.sql.*" %>
<!DOCTYPE HTML PUBLIC "-//W3C//DTD HTML 4.01 Transitional//EN">
<html>
<head>
    <title>查询学生信息</title>
</head>
<body bgcolor = cyan>
 <% String number = request.getParameter("xh");
        Class.forName("com.mysql.jdbc.Driver");
    Connection con = DriverManager.getConnection("jdbc:mysql://localhost:3306/student?
                        useUnicode = true&characterEncoding = GBk","root","123");
    Statement stmt = con.createStatement();
    String seleStr = "SELECT * FROM stuinfo";
        ResultSet rs = stmt.executeQuery(seleStr);
       %>
            查询到全部学生信息:
          <table  bgcolor = yellow  border = 1 >
         <% while(rs.next())
            { %>
             <tr bgcolor = "#22FF99">
             <td><% = rs.getString("xh") %></td>
             <td><% = rs.getString("name") %></td>
             <td><% = rs.getString("sex") %></td>
             <td><% = rs.getString("tele") %></td>
             </tr>
         <% } %>
      </table>
       <br>
      <% rs.close();
          stmt.close();
       %>
    </body>
</html>
```

(2) 运行程序，观察效果。

searchStu.jsp 和 byXh.jsp 效果如图 5-3 所示。

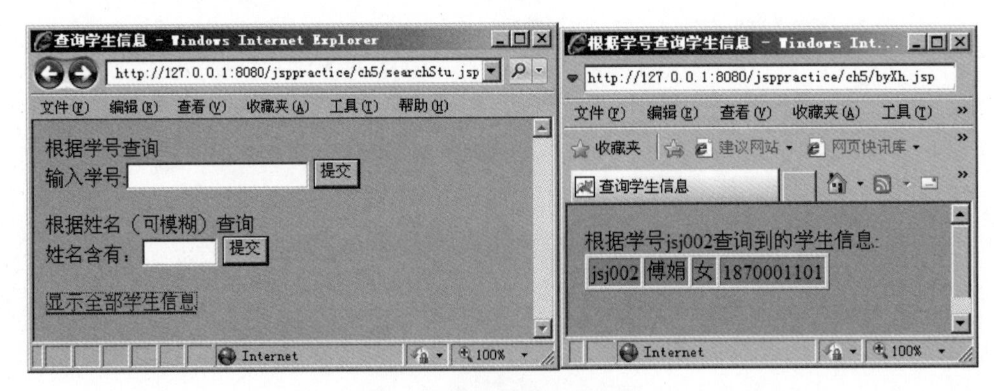

图 5-3　根据学号查询记录

byName.jsp 和 allStu.jsp 效果如图 5-4 所示。

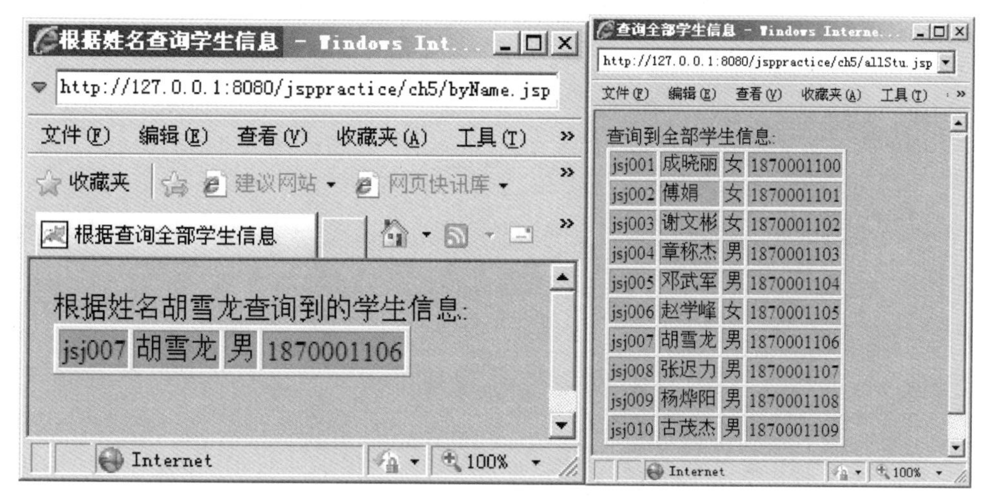

图 5-4　指定查询或显示全部信息

实验 5.2　添加记录

【实验任务】

编写 JSP 程序，使用 JDBC 访问数据库，更新数据库中表的记录。本实验的目的是让学生掌握使用 JDBC 更新数据库中表的记录的方法。使用 JDBC 更新数据库中表的记录的 SQL 语句如下所示。

```
int n = stmt.executeUpdate(更新记录的 SQL 语句);              //更新成功 n 的值为 1,否则为 0
```

【实验步骤】

(1) 编写 3 个 JSP 页面：showInfo.jsp、insertInfo.jsp 和 inertExec.jsp 页面。

showInfo.jsp 的具体要求：从数据库中查出全部学生数据，将数据以表格的形式显示出来，并为每行添加“修改”和“删除”超链接，之后，在表格末尾添加“新增学生”的超链接。

insertInfo.jsp 的具体要求：提供一个表单，该表单允许用户输入欲新增学生的学号、姓名、性别、电话等信息，并提交到 inertExec.jsp 页面。

inertExec.jsp 的具体要求：首先获得 insertInfo.jsp 页面提交的 xh、name、sex、tele 等字段，然后使用 JDBC 更新记录的字段值。

showInfo.jsp 参考代码如下所示。

```
<%@ page language="java" import="java.util.*" pageEncoding="utf-8"%>
<%@ page import="java.sql.*"%>
<!DOCTYPE HTML PUBLIC "-//W3C//DTD HTML 4.01 Transitional//EN">
<html>
```

```
<head>
    <title>查询全部学生信息</title>
</head>
<body bgcolor = cyan>
    <%
        //String number = request.getParameter("xh");
        Class.forName("com.mysql.jdbc.Driver");
        Connection con = DriverManager.getConnection(
            "jdbc:mysql://localhost:3306/student?useUnicode = true&characterEncoding =
GBk","root", "123");
        Statement stmt = con.createStatement();
        String seleStr = "SELECT * FROM stuinfo";
        ResultSet rs = stmt.executeQuery(seleStr);
    %>
    查询到全部学生信息:
    <table bgcolor = yellow border = 1>
        <%
        String ls1 = null,ls2 = null;
            while (rs.next()) {
            ls1 = "<a href = updateInfo.jsp?pram_xh = " + rs.getString("xh") + " target = _
blank>修改</a>";
            ls2 = "<a href = deleteStu.jsp?pram_xh = " + rs.getString("xh") + ">删除</a>";
        %>
        <tr bgcolor = "#22FF99">
            <td><% = rs.getString("xh") %></td>
            <td><% = rs.getString("name") %></td>
            <td><% = rs.getString("sex") %></td>
            <td><% = rs.getString("tele") %></td>
            <td><% = ls1 %></td>
            <td><% = ls2 %></td>
        </tr>
        <%  } %>
        <tr>
            <td colspan = "6" align = "center" bgcolor = "#BB9988">
                <a href = insertInfo.jsp>添加记录</a>
            </td>
        </tr>
    </table>
    <br>
    <%
        rs.close();
        stmt.close();
    %>
</body>
</html>
```

（2）运行 showInfo.jsp 程序，效果如图 5-5 所示。

参考代码如下所示。

```
<%@ page language = "java" import = "java.util.*" pageEncoding = "utf-8" %>
<%@ page import = "java.sql.*" %>
```

图 5-5　showInfo.jsp 显示全部记录列表

```
<html>
  <head>
     <title>添加记录</title>
  </head>
  <body>
       <form action = "insertExec.jsp"  method = "post">
       <table  bgcolor = red>
       <tr  bgcolor = yellow>
           <td align = "center" colspan = "2">请在下表中填写新添加的学生信息</td>
       </tr>
       <tr  bgcolor = "#88FF99">
       <td align = "center">学号</td><td><input type = "text" name = "pram_xh"></td></tr>
       <tr  bgcolor = yellow>
       <td align = "center">姓名</td><td><input type = "text" name = "pram_name"></td></tr
       >
       <tr  bgcolor = yellow>
           <td>性别</td>
           <td><input type = "radio" value = "男"  name = "pram_sex" checked = "checked">男
               <input type = "radio" value = "女" name = "pram_sex">女</td></tr>
           <tr  bgcolor = yellow>
       <td align = "center">电话</td><td><input type = "text" name = "pram_tele"></td></tr>
       </tr>
       <tr bgcolor = yellow>
       <td align = "center" colspan = "2">
       <input type = "submit" value = "提交">
       <input type = "reset" value = "重置"></td></tr>
       </table>
       </form>
  </body>
</html>
```

将表单提交的信息存入数据库的程序 inertExec.jsp 代码如下所示。

```
<%@ page language="java" import="java.util.*" pageEncoding="utf-8"%>
<%@ page import="java.sql.*" %>
<html>
  <head>
  </head>
  <body>
    <%   request.setCharacterEncoding("utf-8"); //设定从 request 对象中读取参数的编码方式
         Class.forName("com.mysql.jdbc.Driver");
    Connection con = DriverManager.getConnection("jdbc:mysql://localhost:3306/student?
useUnicode=true&characterEncoding=GBk","root","123");
    Statement stmt = con.createStatement();
         String s_xh=request.getParameter("pram_xh");
         String s_name=request.getParameter("pram_name");
         String s_sex=request.getParameter("pram_sex");
         String s_tele=request.getParameter("pram_tele");
         String instsql = "insert into stuinfo (xh,name,sex,tele)
values('"+s_xh+"','"+s_name+"','"+s_sex+"','"+s_tele+"');" ;
         stmt.executeUpdate(instsql);
         response.sendRedirect("showInfo.jsp");
       %>
  </body>
</html>
```

（3）运行 insertInfo.jsp 程序，效果如图 5-6 所示。

图 5-6 添加记录的表单

实验 5.3 更新记录

【实验任务】

编写 JSP 程序，使用 JDBC 访问数据库，更新数据库中表的记录。本实验的目的是让学生掌握使用 JDBC 更新数据库中表的记录的方法。使用 JDBC 更新数据库中表的记录的

SQL 语句如下所示。

```
int n = stmt.executeUpdate(updateSql);   //updateSql 为更新记录的 SQL 语句,返回值 n 为更新的
                                         //记录数
```

本实验继续完成实验 5.2 中 showInfo.jsp 页面的"修改"功能。

【实验步骤】

(1) 编写 updateInfo.jsp。

具体要求：从 updateInfo.jsp 页面读出某个原有学生的信息，提供一个修改表单，该表单应能显示当前学生的原始信息，允许对该学生的姓名、性别和电话进行修改，再将表单提交到 newResult.jsp 页面。

① updateInfo.jsp 参考代码如下所示。

```
<%@ page language = "java" import = "java.util.*" pageEncoding = "utf-8" %>
<%@ page import = "java.sql.*" %>
<html>
  <head>
     <title> My JSP 'updateInfo.jsp' starting page </title>
  </head>
  <body>
<% Class.forName("com.mysql.jdbc.Driver");
    Connection con = DriverManager.getConnection("jdbc:mysql://localhost:3306/student?
useUnicode = true&characterEncoding = GBk","root","123");
    Statement stmt = con.createStatement();
    String seleStr = "SELECT * FROM stuinfo  where xh = '" + request.getParameter("pram_xh") + "'";
        ResultSet rs = stmt.executeQuery(seleStr);
        rs.next();
        session.setAttribute("pram_xh",request.getParameter("pram_xh"));
       %>
<form action = "updateExec.jsp"  method = "post">
<table  bgcolor = red>
<tr  bgcolor = yellow>
    <td align = "center" colspan = "2">要修改信息的同学学号是: <% = request.getParameter
("pram_xh") %></td>
</tr>
<tr  bgcolor = "#88FF99">
<td align = "center">原始信息</td><td align = "center">修改信息</td></tr>
<tr  bgcolor = yellow>
<td>姓名:<% = rs.getString("name") %></td><td><input type = "text" value = <% = rs.
getString("name") %> name = "pram_name"></td></tr>
<tr  bgcolor = yellow>
    <td>性别:<% = rs.getString("sex") %></td>
    <td><input type = "radio" value = "男"  name = "pram_sex" checked = "checked">男
        <input type = "radio" value = "女" name = "pram_sex">女</td></tr>
    <tr  bgcolor = yellow>
<td>电话:<% = rs.getString("tele") %></td>
<td><input type = "text" value = <% = rs.getString("tele") %> name = "pram_tele"></td>
</tr>
<tr  bgcolor = yellow>
<td align = "center" colspan = "2">
<input type = "submit" value = "提交" name = "B1">
```

```
<input type = "reset" value = "重置" name = "B2"></td>
</tr>
</table>
</form>
 </body>
</html>
```

② 该程序的功能是接收修改表单提交的信息，并对数据库进行更新，故本JSP文件运行时对用户透明，无界面可见。

updateExec.jsp参考代码如下所示。

```
<%@ page language = "java" import = "java.util.*" pageEncoding = "utf-8" %>
<%@ page import = "java.sql.*" %>
<html>
  <head>
   </head>
  <body>
    <%   request.setCharacterEncoding("utf-8");//设定从request对象中读取参数的编码方式
         Class.forName("com.mysql.jdbc.Driver");
    Connection con = DriverManager.getConnection("jdbc:mysql://localhost:3306/student?
                     useUnicode = true&characterEncoding = GBk","root","123");
    Statement stmt = con.createStatement();
         String s_xh = (String)session.getAttribute("pram_xh");
         String s_name = request.getParameter("pram_name");
         String s_sex = request.getParameter("pram_sex");
         String s_tele = request.getParameter("pram_tele");
         String updatesql = "update stuinfo set name = '" + s_name + "', sex = '" + s_sex + "', tele = '" +
s_tele +
                         "' where xh = '" + s_xh + "';" ;
        stmt.executeUpdate(updatesql);
        response.sendRedirect("showInfo.jsp");
        %>
  </body>
</html>
```

(2) 运行程序，巩固JDBC工作原理。

updateInfo.jsp运行效果如图5-7所示。

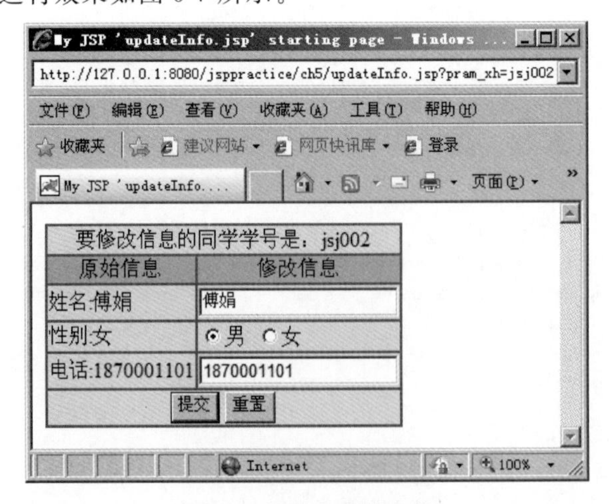

图5-7 修改记录的表单

实验 5.4　删除记录

【实验任务】

编写 JSP 程序，使用 JDBC 访问数据库，删除数据库中表的记录。本实验的目的是让学生掌握使用 JDBC 删除数据库中表的记录的方法。使用 JDBC 更新数据库中表的记录的 SQL 语句如下所示。

```
int n = stmt.executeUpdate(deleteSql);  //deleteSql 为删除记录的 SQL 语句，返回值 n 为删除的
                                        //记录数
```

本实验继续完成实验 5.2 中 showInfo.jsp 页面的"删除"功能。

【实验步骤】

(1) 编写程序 deleteStu.jsp。

deleteStu.jsp 的具体要求：从 showInfo.jsp 页面某个学生信息的"删除"超链接处接收请求以及传递过来的学号(xh)参数，根据接收到的学号使用 JDBC 删除数据库表中相应学号的记录。该 JSP 文件对用户透明，无界面可见。

deleteStu.jsp 参考代码如下所示。

```
   <%@ page language="java" import="java.util.*" pageEncoding="utf-8" %>
<%@ page import="java.sql.*" %>
<html>
  <head>
   </head>
  <body>
    <%  request.setCharacterEncoding("utf-8");//设定从 request 对象中读取参数的编码方式
        Class.forName("com.mysql.jdbc.Driver");
    Connection con = DriverManager.getConnection("jdbc:mysql://localhost:3306/student?
                    useUnicode=true&characterEncoding=GBk","root","123");
    Statement stmt = con.createStatement();
        String s_xh=request.getParameter("pram_xh");
        String delsql = "delete from stuinfo where xh='"+s_xh+"';" ;
        stmt.executeUpdate(delsql);
        response.sendRedirect("showInfo.jsp");
       %>
  </body>
</html>
```

(2) 运行程序，加深理解和掌握 JDBC 访问数据库的技术。

第6章

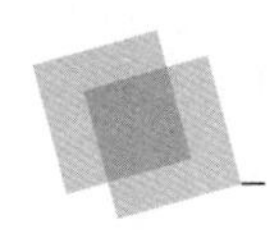

JavaBean技术

JavaBean 是一种用 Java 语言编写的可重用组件，是符合某种规范的 Java 类，JavaBean 满足如下规范。

① JavaBean 类是具体的和公共的。

② 必须有一个无参数的默认构造函数。

③ 必须有 get 和 set 方法，类的字段通过 get 和 set 方法访问。

在 JSP 页面中访问 JavaBean 的方法有直接访问和使用 JSP 标记访问两种。

(1) 直接访问 JavaBean 的方法。

首先在页面顶部导入 JavaBean 类。

```
<%@ page import = " javabean.userBean" %>
```

在 JSP 段实例化 JavaBean 类。

```
<% userBean user = new userBean(); %>
```

使用<% user. setXXX(aa); %>和<%=user. getXXX(); %>标记访问 bean 的属性。

(2) JSP 标记访问 JavaBean 的方法。

在 JSP 页面使用 userBean 标记。

```
<jsp:useBean id = "user" class = "javabean.userBean"/>
```

通过<jsp:setProperty name="user" property="name" param="mUserName"/>和<jsp:getProperty name="user" property="name"/>标记设置或获取 bean 的属性。

【实验目的】

掌握 JavaBean 的工作原理，熟悉 JavaBean 的设计要点，在 JSP 程序中灵活使用 JavaBean。

实验 6.1 使用 JavaBean 自动获取表单参数

【实验任务】

编写 JSP 程序，使用 JavaBean 自动获取表单参数，当表单参数名称与 JavaBean 属性名称不一致时自动获取表单参数。本实验的目的是让学生掌握使用JavaBean自动获取表单参数的方法,为实际项目开发打下基础。需要设计的程序如下。

① 设计一个JavaBean类Student.java。

② 设计表单页面input.jsp,传递参数。

③ 设计接收表单参数的页面receive.jsp,使用JavaBean自动获取表单传来的参数。

【实验步骤】

(1) 编写一个JavaBean文件(Student.java)和两个JSP文件(input.jsp()和receive.jsp()文件)。

Student.java文件的具体要求：包含学号、姓名属性及相应的getter()和setter()方法。

input.jsp文件的具体要求：提供让用户填写学号和姓名参数的表单,并可以将表单信息提交到receive.jsp文件进行处理。

receive.jsp文件的具体要求：首先使用JavaBean自动获得input.jsp提交的xh和name字段,然后显示获取的参数。

Student.java参考代码如下所示。

```
package bean;
public class Student {
private String xh;
private String name;
private String birthday;
public String getXh() {
    return xh;}
public void setXh(String xh) {
    this.xh = xh;}
public String getName() {
    return name;}
public void setName(String name) {
    this.name = name;}
public String getBirthday() {
    return birthday;  }
public void setBirthday(String birthday) {
    this.birthday = birthday;}
}
```

input.jsp参考代码如下所示。

```
<%@ page language="java" import="java.util.*" pageEncoding="utf-8"%>
<html>
  <head>
    <title>input.jsp</title>
  </head>
  <body>
    <form action="receive.jsp" method="post">
          学号:<input type="text" name="xh"><br>
          姓名:<input type="text" name="name"><br>
          出生日期:<input type="text" name="birthday"><br>
```

```
      <input type = "submit" value = "提交">
    </form>
  </body>
</html>
```

receive.jsp 参考代码如下所示。

```
<%@ page language = "java" import = "java.util.*" pageEncoding = "utf-8" %>
<jsp:useBean id = "st" class = "bean.Student" scope = "request"/>
<html>
  <head>
    <title> JavaBean test </title>
  </head>
  <body>
    <% request.setCharacterEncoding("utf-8"); %>
    直接从表单自动获取到的参数如下: <br>
    <jsp:setProperty name = "st" property = "*"/>
      学号: <% = st.getXh() %> <br>
      姓名: <% = st.getName() %> <br>
      出生日期: <% = st.getBirthday() %> <br><br>
  通过 request.getParameter()获取到的表单参数如下: <br>
     学号: <% = request.getParameter("xh") %> <br>
     姓名: <% = request.getParameter("name") %> <br>
     出生日期: <% = request.getParameter("birthday") %> <br>
  </body>
</html>
```

（2）在地址栏输入“http://localhost:8080/jspsx/ch6/input.jsp”后的运行效果如图 6-1 所示。

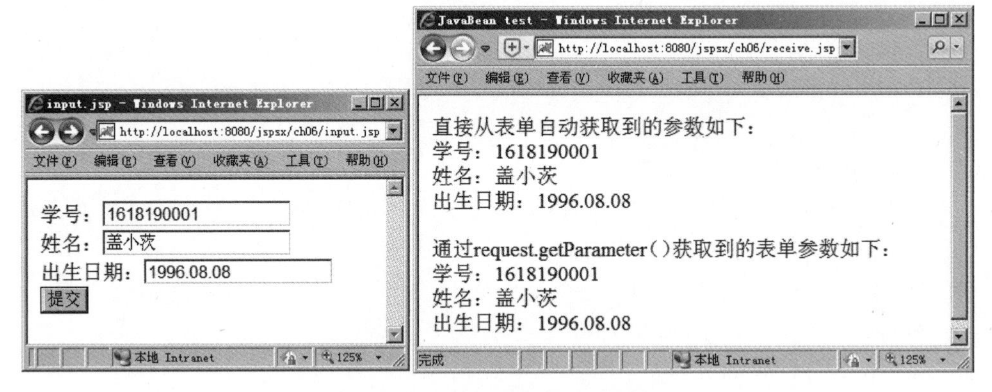

图 6-1　利用表单自动获取参数

实验 6.2　有效范围为 request 的 JavaBean

【实验任务】

编写 JSP 程序，使用有效范围是 request 的 JavaBean 显示汽车的基本信息。本实验的目的是让学生掌握有效范围是 request 的 JavaBean 的使用方法。

JSP 页面使用 useBean 标记调用一个有效范围是 request 的 JavaBean，语法如下所示。

```
<jsp:useBean id = "bean的名字" class = "创建 bean 的类" scope = "request"></jsp:useBean>
```

或使用以下的方式。

```
<jsp:useBean id = "bean的名字" class = "创建 bean 的类" scope = "request"/>
```

该 JavaBean 的有效范围是当前请求("request")，当本次请求生命周期结束后，JSP 引擎将会取消分配给该客户的 JavaBean。

【实验步骤】

(1) 编写一个名字为 Car.java 的 JavaBean。Car.java 的具体要求：含有汽车号牌、名称和生产日期等属性，并提供相应的 getXxx()和 setXxx()方法，来获取和修改这些属性的值。

Car.java 参考代码如下所示。

```
package bean;
public class Car
{
  String number,name,madeTime;
  public String getNumber()
  {
     try{ byte b[] = number.getBytes("ISO - 8859 - 1");
          number = new String(b); }
     catch(Exception e){}
     return number; }
  public void setNumber(String number)
  {
     this.number = number; }
  public String getName()
  {
    try{ byte b[] = name.getBytes("ISO - 8859 - 1");
         name = new String(b); }
    catch(Exception e){}
     return name; }
  public void setName(String name)
  {  this.name = name; }
  public String getMadeTime()
  {
     try{ byte b[] = madeTime.getBytes("ISO - 8859 - 1");
          madeTime = new String(b); }
     catch(Exception e){}
     return madeTime; }
  public void setMadeTime(String time)
```

```
    {
        madeTime = time; }
}
```

(2) 编写 inputAndShow.jsp 页面,在该页面中创建一个名为 car 的 JavaBean。该页面提供一个表单供用户输入汽车的号牌、名称和生产日期,并可将用户输入的信息提交,当前页面使用表单提交数据设置 car 有关属性的值,然后显示 car 各个属性的值。

inputAndShow.jsp 参考代码如下所示。

```
<%@ page contentType = "text/html;charset = gbk" %>
<jsp:useBean id = "car" class = "bean.Car" scope = "request"/>
<html>
<body bgcolor = lightgreen>
<font size = 4>
  <form action = "" Method = "post">
         汽车号牌: <input type = text name = "number"><br>
         汽车名称: <input type = text name = "name"><br>
         生产日期: <input type = text name = "madeTime"><br>
   <input type = submit value = "提交">
  </form>
<jsp:setProperty name = "car" property = " * "/>
<table border = 1>
   <tr><th>汽车号牌</th><th>汽车名称</th><th>生产日期</th></tr>
   <tr><td><jsp:getProperty name = "car" property = "number"/></td>
       <td><jsp:getProperty name = "car" property = "name"/></td>
       <td><jsp:getProperty name = "car" property = "madeTime" /></td>
   </tr>
</table>
</font>
</body>
</html>
```

(3) 在浏览器地址栏输入"http://localhost:8080/jspsx/ch06/inputAndShow.jsp",观察效果,如图 6-2 所示。

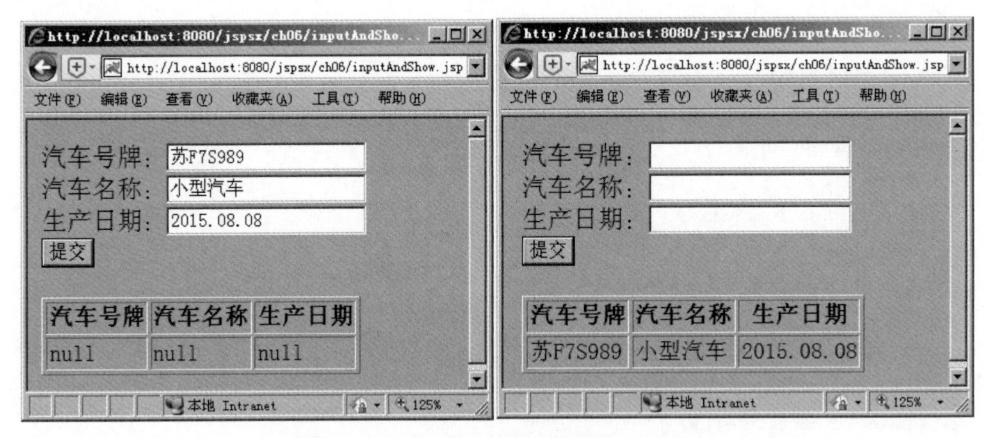

图 6-2 JavaBean 的有效范围是 request

实验 6.3 有效范围为 session 的 JavaBean

【实验任务】

编写 JSP 程序,使用有效范围是 session 的 JavaBean 显示汽车的基本信息。本实验的目的是让学生掌握有效范围是 session 的 JavaBean 的使用方法。

JSP 页面使用 useBean 标记调用一个有效范围是 session 的 JavaBean 的语法如下所示。

```
<jsp:useBean id = "bean的名字" class = "创建bean的类" scope = "session"></jsp:useBean>
```

或使用如下方式。

```
<jsp:useBean id = "bean的名字" class = "创建bean的类" scope = "session"/>
```

如果用户在某个 Web 服务的多个页面中访问,每个页面都含有一个 useBean 标记,而且各个页面的 useBean 标记中 id 的值相同,scope 的值都是 session,那么,该用户在这些页面得到的 bean 是相同的(占有相同的内存空间)。如果用户在某个页面更改了这个 JavaBean 的属性,其他页面的对应 JavaBean 的属性也将发生同样的变化。当用户的会话(session)消失后,JSP 引擎将会取消分配的 bean,即释放 bean 所占有的内存空间。

需要注意的是,不同用户的 scope 取值是 session 的 bean,是互不相同的(占有不同的内存空间),也就是说,当两个用户同时访问一个 JSP 页面时,一个用户对自己 bean 属性的改变不会影响到另一个用户。

【实验步骤】

(1) 编写两个 JSP 页面:inputtoshow.jsp 和 show.jsp。Car.java 源文件与实验 6.2 相同。

inputtoshow.jsp 的具体要求:提供一个表单供用户输入汽车的牌号、名称和生产日期,该表单将用户输入的信息提交,当前页面调用名字为 car 的 bean,并使用表单提交的数据设置 car 的有关属性的值。要求在 inputtoshow.jsp 提供一个超链接,以便用户单击这个超链接访问 show.jsp 页面。

show.jsp 的具体要求:调用名字为 car 的 bean,并显示该 bean 的各个属性的值。

inputtoshow.jsp 参考代码如下所示。

```
<%@ page contentType = "text/html;charset = utf - 8" %>
<%@ page import = "bean.Car" %>
<jsp:useBean id = "car" class = "bean.Car" scope = "session"/>
<html>
<body bgcolor = lightyellow>
<font size = 2>
   <form action = "show.jsp" method = "post">
```

```
        汽车号牌:<input type=text name="number"><br>
        汽车名称:<input type=text name="name"><br>
        生产日期:<input type=text name="madeTime">
        <input type=submit value="提交">
</form>
<jsp:setProperty name="car" property="*"/>
<a href="show.jsp">访问 show.jsp,查看有关信息。</a>
</font>
</body>
</html>
```

show.jsp 参考代码如下所示。

```
<%@ page contentType="text/html;charset=GB2312" %>
<%@ page import="bean.Car" %>
<jsp:useBean id="car" class="bean.Car" scope="session"/>
<html>
<body bgcolor=yellow>
<table border=1>
   <tr><th>汽车号牌</th><th>汽车名称</th><th>生产日期</th></tr>
   <tr>
        <td><jsp:getProperty name="car" property="number"/></td>
        <td><jsp:getProperty name="car" property="name"/></td>
        <td><jsp:getProperty name="car" property="madeTime" /></td>
   </tr>
</table>
</body>
</html>
```

（2）程序运行，效果如图 6-3 所示。

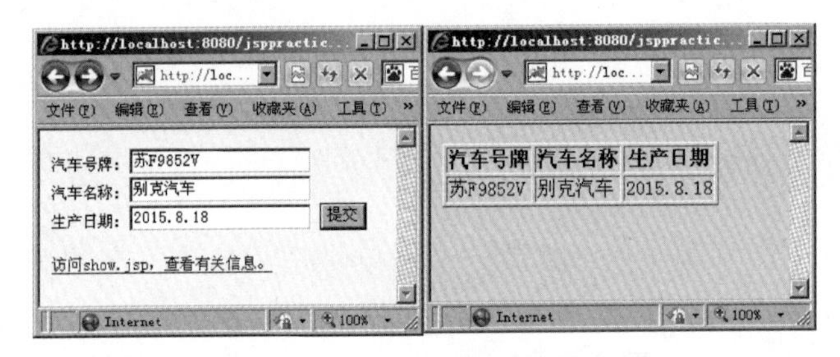

图 6-3 JavaBean 的有效范围是 session

实验 6.4 有效范围为 application 的 JavaBean

【实验任务】

编写 JSP 程序，使用有效范围是 application 的 JavaBean，制作一个简单的留言板。

JSP 页面使用 useBean 标记调用一个有效范围是 application 的 JavaBean 的语句如下所示。

```
<jsp:useBean  id= "bean的名字" class= "bean的类" scope= "application"></jsp:useBean>
```

或使用如下方式。

```
<jsp:useBean  id= "bean的名字" class= "bean的类" scope= "application"/>
```

JSP引擎为Web服务目录下所有的JSP页面分配了一个共享的JavaBean，不同用户scope取值是application的JavaBean都相同，也就是说，当多个用户同时访问一个JSP页面时，任何一个用户对自己JavaBean的属性的改变都会影响其他用户。

【实验步骤】

(1) 编写一个名字为MsgBoard.java的JavaBean类。该类包含留言者的姓名、留言标题和留言内容等属性，并且有全部留言信息的属性allMessage。

MsgBoard.java参考代码如下所示。

```
package bean;
import java.util.*;
import java.text.SimpleDateFormat;
public class MsgBoard
{
  String name,title,content;
  StringBuffer allMessage;
  ArrayList<String> savedName,savedTitle,savedContent,savedTime;
  public MsgBoard()
    { savedName = new ArrayList<String>();
      savedTitle = new ArrayList<String>();
      savedContent = new ArrayList<String>();
      savedTime = new ArrayList<String>();  }
  public void setName(String s)
     { name = s;
      savedName.add(name);
      Date time = new Date();
      SimpleDateFormat matter = new SimpleDateFormat("yyyy-MM-dd HH:mm:ss");
      String messTime = matter.format(time);
      savedTime.add(messTime); }
  public void setTitle(String t)
     { title = t;
      savedTitle.add(title); }
  public void setContent(String c)
     { content = c;
      savedContent.add(content); }
  public StringBuffer getAllMessage()
    {allMessage = new StringBuffer();
     allMessage.append("<table border = 1>");
     allMessage.append("<tr>");
     allMessage.append("<th>留言者姓名</th>");
     allMessage.append("<th>留言标题</th>");
     allMessage.append("<th>留言内容</th>");
```

```
            allMessage.append("<th>留言时间</th>");
            allMessage.append("</tr>");
            for(int k = 0;k < savedName.size();k++)
              {
               allMessage.append("<tr>");
               allMessage.append("<td>");
               allMessage.append(savedName.get(k));
               allMessage.append("</td>");
               allMessage.append("<td>");
               allMessage.append(savedTitle.get(k));
               allMessage.append("</td>");
               allMessage.append("<td>");
               allMessage.append("<textarea>");
               allMessage.append(savedContent.get(k));
               allMessage.append("</textarea>");
               allMessage.append("</td>");
               allMessage.append("<td>");
               allMessage.append(savedTime.get(k));
               allMessage.append("</td>");
               allMessage.append("<tr>");
              }
           allMessage.append("</table>");
           return allMessage;
        }
     }
```

（2）编写两个 JSP 页面：inputmsg.jsp 和 showmsg.jsp。

inputmsg.jsp 的具体要求：提供一个表单，允许用户输入留言者的姓名、留言标题和留言内容。该表单将用户输入的信息提交给当前页面，当前页面调用名字为 board 的 JavaBean，并使用表单提交的数据设置 board 有关属性的值。另外，该页面还要求提供一个超链接，以便用户单击这个超链接访问 showmsg.jsp 页面。

showmsg.jsp 的具体要求：showmsg.jsp 调用名字为 board 的 JavaBean，并显示该 JavaBean 的 allMessage 属性的值。

inputmsg.jsp 参考代码如下所示。

```
<%@ page contentType = "text/html;charset = utf-8" %>
<jsp:useBean id = "board" class = "bean.MsgBoard" scope = "application"/>
<html>
<body>
 <form action = "" method = "post" name = "form">
     输入您的名字：<br><input  type = "text" name = "name"><br>
     输入您的留言标题：<br><input  type = "text"  name = "title"><br>
     输入您的留言：<br>
       <textarea name = "content" ROWs = "10" COLS = 36 WRAP = "physical"></ textarea><br>
       <input type = "submit" value = "提交信息" name = "submit">
 </form>
   <% request.setCharacterEncoding("utf-8"); %>
   <jsp:setProperty name = "board" property = " * "/>
   <a href = "showmsg.jsp">查看留言板</a>
```

```
</body>
</html>
```

showmsg.jsp 参考代码如下：

```
<%@ page contentType = "text/html;charset = utf-8" %>
<jsp:useBean id = "board" class = "bean.MsgBoard" scope = "application"/>
 <html>
  <body bgcolor = yellow>
    <% request.setCharacterEncoding("utf-8"); %>
    <jsp:getProperty name = "board" property = "allMessage"/>
    <a href = "inputmsg.jsp">我要留言</a>
  </body>
</html>
```

(3) 运行 inputmsg.jsp，两个页面的效果如图 6-4 所示。

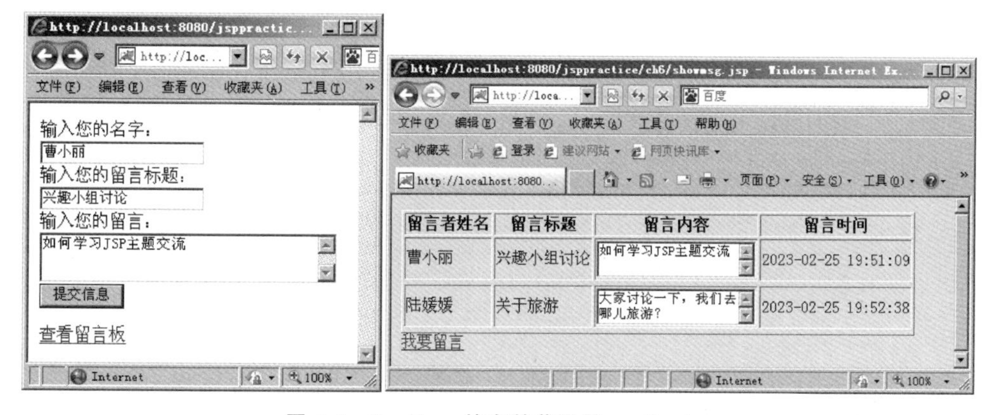

图 6-4　JavaBean 的有效范围是 application

实验 6.5　用户登录设计

【实验任务】

设计一个用户登录应用程序，使用业务类服务数据库，接收用户提交的登录表单，查询数据库中是否存在该用户，在用户成功登录时跳转到指定页面。

【实验步骤】

(1) 编写访问数据库的业务类 JavaBean(DBcon.java)、登录页面 login.jsp、验证页面 checkUser.jsp 和登录成功页面 main.html。

DBcon.java 参考代码如下所示。

```
//数据库连接类,方法为 public static Connection getConnection()
//检查数据库名、用户名、密码是否正确
```

```
package bean;
import java.sql.Connection;
import java.sql.DriverManager;
import java.sql.PreparedStatement;
import java.sql.ResultSet;
import java.sql.SQLException;
public class DBcon {
    private static final String DRIVER_CLASS = "com.mysql.jdbc.Driver";
    private static final String DATABASE_URL =
        "jdbc:mysql://localhost:3306/student?useUnicode = true&characterEncoding = utf - 8";
    private static final String DATABASE_USRE = "root";
    private static final String DATABASE_PASSWORD = "123";
    //返回连接
    public static Connection getConnection(){
        Connection dbConnection = null;
        try {
            Class.forName(DRIVER_CLASS);
            dbConnection = DriverManager.getConnection(DATABASE_URL,
                    DATABASE_USRE, DATABASE_PASSWORD);
        } catch (Exception e) {
            e.printStackTrace();
        }
        return dbConnection;
    }
    //关闭连接
    public static void closeConnection(Connection dbConnection) {
        try {
            if (dbConnection != null && (!dbConnection.isClosed())) {
                dbConnection.close();
            }
        } catch (SQLException sqlEx) {
            sqlEx.printStackTrace();
        }
    }
    //关闭结果集
    public static void closeResultSet(ResultSet res) {
        try {
            if (res != null) {
                    res.close();
                    res = null;
            }
        } catch (SQLException e) {
            e.printStackTrace();
        }
    }
    public static void closeStatement(PreparedStatement pStatement) {
        try {
            if (pStatement != null) {
                    pStatement.close();
                    pStatement = null;
            }
        } catch (SQLException e) {
```

```
            e.printStackTrace();
        }
    }
}
```

login.jsp 参考代码如下所示。

```
<%@ page language="java" import="java.sql.*" contentType="text/html; charset=utf-8" %>
<html>
  <head>
    <title>登录程序实验</title>
  </head>
  <body>
   <table align="center">
    <tr><td><img SRC=../img/logintop.jpg ></img></td></tr>
    <tr><td align="center"><p>
     <font color="red" size="5" style="font-family:simhei">请登录: </font><p>
     <form method="post" action="checkUser.jsp" target="_blank"><p>
                用户名:<input type="text" name="loginName" size="20"><p>
                密  码:<input type="password" name="passWord" size="20"><p>
                      <input type="submit" value="提交">
                      <input type="reset" value="重置">
      </form></td></tr>
     </table>
    </body>
  </html>
```

checkUser.jsp 参考代码如下所示。

```
<%@ page language="java" import="java.sql.*" contentType="text/html; charset=utf-8" %>
<jsp:useBean id="db" class="bean.DBcon" scope="request"/>
<html>
<head>
    <title>登录验证页面[checkUser.jsp]</title>
</head>
<body>
  <%
    request.setCharacterEncoding("utf-8");                //解决 post 提交的中文乱码
    String name=request.getParameter("loginName");
    String password=request.getParameter("passWord");
    %>
     你输入的用户名是: <%=name %><br><br>
    <%
        Connection con =db.getConnection();
        Statement stmt = con.createStatement();
        String sql="select * from userinfo";              //查询 userinfo 表中的用户信息
        sql+= " where loginname='"+name+"' and password='"+password+"'";
        ResultSet rs = stmt.executeQuery(sql);
        if (rs.next())                                    //验证通过
              { session.setAttribute("userName",name);   //将用户名保存到 session 中
                response.sendRedirect("main.jsp");
              }
```

```
        else {                                    //验证未通过
            out.print("无此用户或密码有误,登录失败!<br><br>");
            out.print("<a href='login.jsp'>重新登录</a>");
        }
    %>
  </body>
</html>
```

main.jsp 参考代码如下所示。

```
<%@ page language="java" import="java.util.*" pageEncoding="utf-8"%>
<html>
   <head>
      <title>登录成功</title>
   </head>
   <body>
     <%=session.getAttribute("userName")%>;
        恭喜你,登录成功!<br>
     <a href=login.jsp>返回登录页面</a>
   </body>
</html>
```

（2）程序测试,分别输入正确的和错误的用户名或密码并观察效果,如图 6-5 所示。

图 6-5　利用 JavaBean 处理用户登录

第7章

Servlet基础知识

设计 Servlet 程序时需注意以下几项。

(1) 在由 Servlet 向导所生成的 Servlet 中，doGet()方法的语句“response. setContentType("text/html");”应改为“response. setContentType("text/html; charset=gb2312");”，即增加“charset=gb2312”以避免输出的中文乱码。

(2) 当表单提交方式为 POST 时，Servlet 在接收表单参数时要设置获取 request 参数的编码，即“request. setCharacterEncoding("gb2312");”。

(3) Servlet 的访问路径是在设计 Servlet 时由 Mapping URL 所决定的。用户访问 Servlet 的 URL=项目虚拟路径+Mapping URL 路径。当表单提交或页面跳转时，要仔细分析源文件 URL 路径与目标文件 URL 路径之间的关系，灵活运用“./”“../”“/”等相对路径符号，“./”“../”“/”分别表示相对于页面基准路径的当前目录、上一级目录和 Web 服务的根目录。

【实验目的】

掌握 Servlet 的工作原理，熟悉 Servlet 的设计要点，在 JSP 项目中灵活使用 Servlet。

实验 7.1　使用 Servlet 输出表单的全部数据项

【实验任务】

设计一个 Servlet 接收表单，寻找表单传来的所有变量名字，并把它们放入表格中，没有值或有多个值的变量都突出显示。

设计思路：首先，程序通过 HttpServletRequest 对象的 getParameterNames()方法得到表单中所有的变量名字，getParameterNames()方法返回的是一个枚举集合(Enumeration)。其次，循环遍历这个 Enumeration，通过 hasMoreElements()方法确定何时结束循环，利用 nextElement()方法得到 Enumeration 中的各个项。由于 nextElement()方法返回的是一个 Object，要把它转换成字符串，再调用 getParameterValues()方法得到字符串数组，如果这个数组只有一个元素且为空字符串，那么说明这个表单变量没有值，Servlet 将以斜体形式输出“No Value”；如果数组元素个数大于 1，那么说明这个表单变量有多个值，Servlet 将以列表形式输出这些值；其他情况下 Servlet 将直接把变量值放入表格。

【实验步骤】

（1）在 src 目录下新建 servlet 包，在 servlet 包下使用向导创建 Servlet 文件（ShowParametersServlet.java）。在创建时，将“Servlet/JSP Mapping URL”中的“/servlet/ShowParametersServlet”改为“/ShowParametersServlet”，这样，访问该 Servlet 的 URL 变为 http://127.0.0.1:8080/jspsx/ShowParametersServlet。

Servlet 在 web.xml 中的注册工作可由向导自动完成，不必修改。

ShowParametersServlet.java 参考代码如下所示。

```
package servlet;
import java.io.IOException;
import java.io.PrintWriter;
import javax.servlet.ServletException;
import javax.servlet.http.HttpServlet;
import javax.servlet.http.HttpServletRequest;
import javax.servlet.http.HttpServletResponse;
import java.io.*;
import javax.servlet.*;
import javax.servlet.http.*;
import util.ServletUtilities;
import java.util.*;
public class ShowParametersServlet extends HttpServlet {
public void doGet(HttpServletRequest request, HttpServletResponse response)
 throws ServletException, IOException {
request.setCharacterEncoding("gb2312");
response.setContentType("text/html;charset = gb2312");
PrintWriter out = response.getWriter();
    String title = "读取所有请求参数";
    out.println(ServletUtilities.headWithTitle(title) +
                "<BODY BGCOLOR = \"#FDF5E6\">\n" +
                "<H1 ALIGN = CENTER>" + title + "</H1>\n" +
                "<TABLE BORDER = 1 ALIGN = CENTER>\n" +
                "<TR BGCOLOR = \"#FFAD00\">\n" +
                "<TH>参数名字<TH>参数值");
    Enumeration paramNames = request.getParameterNames();
    while(paramNames.hasMoreElements()) {
      String paramName = (String)paramNames.nextElement();
      out.println("<TR><TD>" + paramName + "\n<TD>");
      String[] paramValues = request.getParameterValues(paramName);
      if (paramValues.length == 1) {
```

```
            String paramValue = paramValues[0];
            if (paramValue.length() == 0)out.print("<I>No Value</I>");
            else out.print(paramValue);          }
        else {
          out.println("<UL>");
          for(int i = 0; i < paramValues.length; i++) {
            out.println("<LI>" + paramValues[i]); }
          out.println("</UL>"); }
      }
      out.println("</TABLE>\n</BODY></HTML>");
    }
    public void doPost(HttpServletRequest request, HttpServletResponse response)
        throws ServletException, IOException { doGet(request, response); }
}
```

ShowParametersServlet.java 中使用了 ServletUtilities 类的 headWithTitle(String title)方法设置页面的“head”,ServletUtilities 类的代码如下。

ServletUtilities.java 参考代码如下所示。

```
package util;
public class ServletUtilities {
  public static final String DOCTYPE =
            "<!DOCTYPE HTML PUBLIC \"-//W3C//DTD HTML 4.0 Transitional//EN\">";
  public static String headWithTitle(String title) {
    return (DOCTYPE + "\n" + "<HTML>\n" + "<HEAD><TITLE>" + title + "</TITLE></HEAD>\n");
    }
}
```

测试页面 postForm.html 的功能是通过表单向上述 Servlet 发送数据。该表单用 POST 方法提交这些数据。

postForm.html 参考代码如下所示。

```
<!DOCTYPE HTML PUBLIC "-//W3C//DTD HTML 4.01 Transitional//EN">
<HTML>
<HEAD>
  <TITLE>示例表单</TITLE>
</HEAD>
<BODY BGCOLOR = "#FDF5E6">
<H1 ALIGN = "CENTER">用 POST 方法发送数据的表单</H1>
<FORM ACTION = "../ShowParametersServlet" METHOD = "POST">
  学号:<INPUT TYPE = "TEXT" NAME = "xh"><BR>
  姓名:<INPUT TYPE = "TEXT" NAME = "name"><BR>
  专业:<INPUT TYPE = "TEXT" NAME = "zy" value = "网络工程"><BR>  <HR>
  email:<INPUT TYPE = "TEXT" NAME = "email"><BR>
  联系电话:<INPUT TYPE = "TEXT" NAME = "tele"><BR>
  家庭住址:<TEXTAREA NAME = "address" ROWS = 3 COLS = 40></TEXTAREA><BR>
  银行卡类型:<BR>
<INPUT TYPE = "RADIO" NAME = "cardType" value = "Visa">Visa<BR>
```

```
        <INPUT TYPE = "RADIO" NAME = "cardType" value = "Amex"> American Express <BR>
        <INPUT TYPE = "RADIO" NAME = "cardType" value = "Discover"> Discover <BR>
        <INPUT TYPE = "RADIO" NAME = "cardType" value = "Java SmartCard"> SmartCard <BR>
    银行卡号: <INPUT TYPE = "PASSWORD" NAME = "cardNum"><BR>
    请重复输入银行卡号: <INPUT TYPE = "PASSWORD" NAME = "cardNum"><BR><BR>
    <CENTER>  <INPUT   TYPE = "SUBMIT"   value = "Submit ">   </CENTER>
</FORM>
</BODY>
</HTML>
```

（2）输入 URL，程序的运行效果如图 7-1 所示。

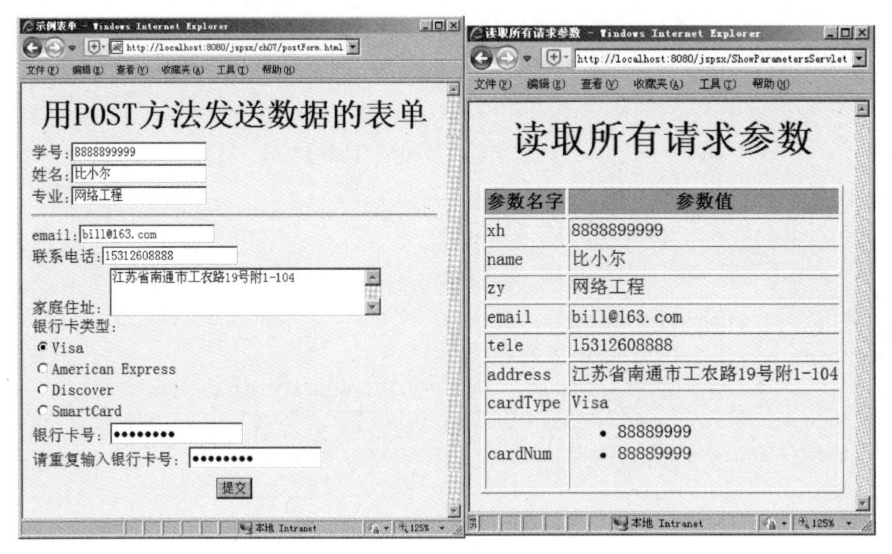

图 7-1　利用 Servlet 读取表单参数

实验 7.2　Servlet 用户登录验证

【实验任务】

编写 JSP 程序，实现用户提交登录表单给 Servlet，由 Servlet 查询数据库，对用户是否存在进行验证并做相应的处理。

【实验步骤】

（1）首先使用 Servlet 向导编写一个验证用户的 Servlet(LoginServlet.java)，再编写登录页面程序 login.html、登录成功页面 welcome.jsp 和登录失败页面 loginfail.jsp。

LoginServlet.java 参考代码如下所示。

```
package servlet;
import java.io.IOException;
```

```
import java.io.PrintWriter;
import java.sql.*;
import javax.jms.Session;
import javax.servlet.ServletException;
import javax.servlet.http.HttpServlet;
import javax.servlet.http.HttpServletRequest;
import javax.servlet.http.HttpServletResponse;
import javax.servlet.http.HttpSession;
import bean.DBcon;
public class LoginServlet extends HttpServlet {
    public LoginServlet() {
        super();
    }
    public void destroy() {
        super.destroy();
    }
    public void doGet(HttpServletRequest request, HttpServletResponse response)
            throws ServletException, IOException {
        String userName = request.getParameter("loginName");
        String passWord = request.getParameter("passWord");
        String sql = "select * from userinfo";
               sql += " where loginname = '" + userName + "' and password = '" + passWord + "'";
        HttpSession session = request.getSession();
        Connection con = DBcon.getConnection();
        Statement stmt;
        ResultSet rs;
    try {
         stmt = con.createStatement();
         rs = stmt.executeQuery(sql);
    if (rs.next())
      { session.setAttribute("userName",userName);
        response.sendRedirect("./ch07/welcome.jsp");
      }
   else {
         response.sendRedirect("./ch07/loginfail.jsp");
        }
      } catch (SQLException e) {
        //TODO Auto - generated catch block
        e.printStackTrace();
      }
    }
    public void doPost(HttpServletRequest request, HttpServletResponse response)
            throws ServletException, IOException {
        doGet(request,response);
    }
    public void init() throws ServletException {
    }
}
```

Servlet 中在 web. xml 中的注册由向导自动完成。

login. html 参考代码如下所示。

```
<html>
  <head>
    <title>login.html</title>
  </head>
  <body>
      <table align="center">
    <tr><td><img SRC=../img/logintop.jpg></img></td></tr>
    <tr><td align="center"><p>
     <font color="red" size="3"  style="font-family:simhei">请登录: </font><p>
     <form method="post" action="../LoginServlet" target="_blank"><p>
                 用户名:<input type="text" name="loginName" size="20"><p>
                 密  码:<input type="password" name="passWord" size="20"><p>
             <input type="submit" value="提交">
             <input type="reset" value="重置">
     </form></td></tr>
  </table>
  </body>
</html>
```

welcome. jsp 参考代码如下所示。

```
<%@ page language="java" import="java.util.*" pageEncoding="utf-8"%>
<!DOCTYPE HTML PUBLIC "-//W3C//DTD HTML 4.01 Transitional//EN">
<html>
    <head>
        <meta http-equiv="Content-Type" content="text/html; charset=gb2312">
        <title>登录成功</title>
    </head>
    <body>
          <font size="2" color="red">
          <%
             Date today = new Date();
             int d = today.getDay();
             int h = today.getHours();
             String s = "";
             if (h>0 && h<12) s = "上午好!";
             else if (h>= 12) s = "下午好!";
             String day[] = { "日", "一", "二", "三", "四", "五", "六" };
             out.println(s + " 今天是: 星期" + day[d]);
           %></font><br>
        <%=session.getAttribute("userName")%>,恭喜你,登录成功! <br>
    </body>
</html>
```

loginfail. jsp 参考代码如下所示。

```
<%@ page language="java" import="java.util.*" pageEncoding="utf-8"%>
```

```
<html>
  <head><title>登录失败</title></head>
 <body>
      无此用户,单击<a href="login.html">这里</a>返回,重新登录!
  </body>
</html>
```

(2) 输入 login.html 文件的 URL,在该页面输入用户名、密码并提交表单,效果如图 7-2 所示。

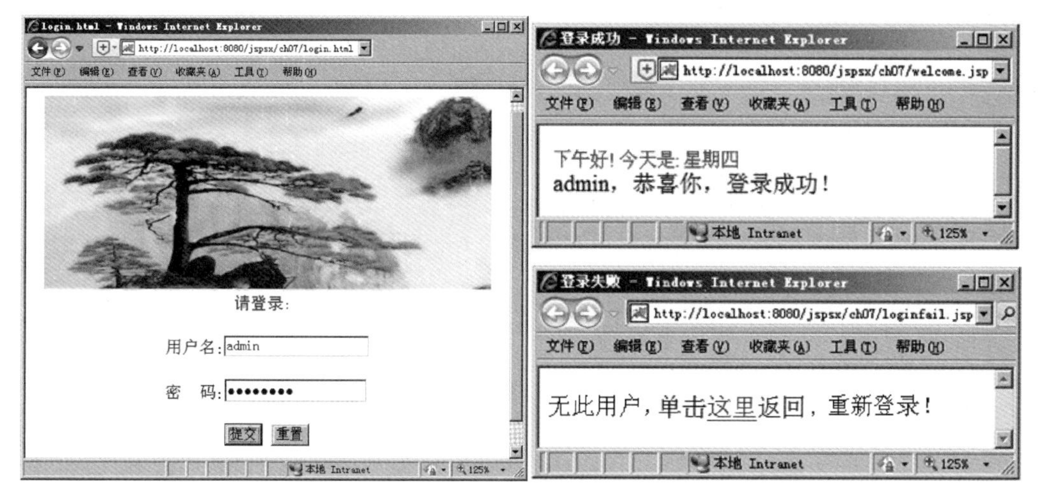

图 7-2 利用 Servlet 处理用户登录验证

实验 7.3 验证码登录应用

验证码的主要目的是强制人机交互,防御来自机器的自动化攻击,有效防止黑客对注册用户采用特定程序暴力破解的方式不断地进行登录尝试,像百度贴吧未登录发帖,只要输入验证码就可以防止大规模匿名回帖的发生。

验证码是将一串随机产生的数字或符号生成的图像,图像里会加上一些干扰像素(防止计算机 OCR),由用户肉眼识别其中的验证码信息,输入表单提交验证,验证成功后才能使用某项功能。因为验证码是一个混合了数字或符号的图像,人眼看起来都困难,机器识别起来就更困难了。

【实验任务】

在实验 7.2 的基础上增加验证码功能,其中的验证码的图像生成由 ImageServlet 实现。

在实验时,首先准备好用户信息数据库,数据库名为 student,用户信息表名为 userinfo,访问数据库采用常规的数据库连接类 DBcon。登录表单文件为 log.jsp,带验证码功能。用户输入用户名、密码、验证码后,程序将表单提交给 LogimgServlet 进行验证码和数据库比对判断,如正确,则跳转到 welcome.jsp 页面;否则,跳转到 logfail.jsp 页面。验证码的工作原理如图 7-3 所示。

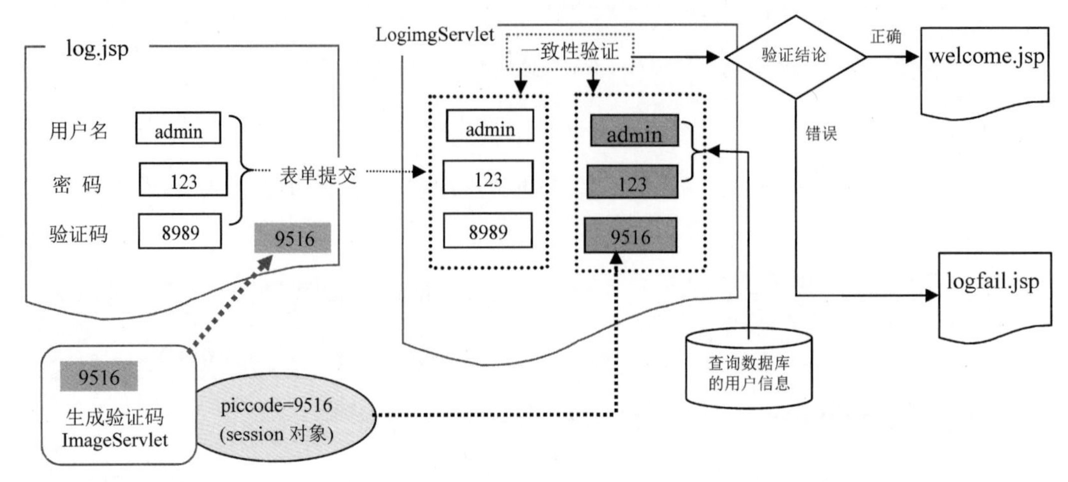

图 7-3　验证码的工作原理

【实验步骤】

（1）准备好数据库及用户信息表。

（2）将 JDBC 驱动 jar 包复制到 lib 目录中。

（3）分别编写 ImageServlet. java、LogimgServlet. java、log. jsp、welcome. jsp、logfail. jsp 等程序文件。

ImageServlet. java 负责生成验证码的图像。该 Servlet 首先会生成随机数，再使用 awt 图形包中相应的类将随机数绘制成图形并向 JSP 页面输出，同时将生成的验证码数据保存在 session 中，供程序将其与用户输入的验证码比对验证。程序中使用了 java. awt. image. BufferedImage 类生成图像，BufferedImage 是抽象类 Image 的子类，它在 Image 基础上增加了缓存功能，由 BufferedImage 类生成的图像在内存里有一个图像缓冲区，利用这个缓冲区可以方便地操作这个图像，通常用来做图像修改操作，如大小变换、图像变灰、设置图像透明或不透明等。

BufferedImage 的构造方法如下。

```
BufferedImage(int width, int height, int imageType)
```

其中，width 参数为生成图像的宽度；height 参数为生成图像的高度；imageType 参数为图像颜色类型常量。

LogimgServlet. java 负责登录信息验证，首先接收表单提交的用户名、密码、验证码等数据，用户名和密码与数据库比对验证，验证码则与 session 对象的验证码信息比对验证。全部验证正确则跳转到 welcome. jsp；否则，跳转到 logfail. jsp。

ImageServlet. java 参考代码如下所示。

```
package servlet;
import java.awt.Color;
```

```
import java.awt.Font;
import java.awt.Graphics;
import java.awt.image.BufferedImage;
import java.io.IOException;
import java.util.Random;
import javax.imageio.ImageIO;
import javax.servlet.ServletException;
import javax.servlet.http.HttpServlet;
import javax.servlet.http.HttpServletRequest;
import javax.servlet.http.HttpServletResponse;
import javax.servlet.http.HttpSession;
public class ImageServlet extends HttpServlet {
    public ImageServlet() {
        super();
    }
    @Override
    public void destroy() {
        super.destroy();
    }
    @Override
    public void doGet(HttpServletRequest request, HttpServletResponse response)
            throws ServletException, IOException {
        response.setContentType("text/html;charset = utf - 8");
        int width = 78;
        int height = 20;
        //创建对象
        BufferedImage bim = new BufferedImage(68,20,BufferedImage.TYPE_INT_RGB);
        /* 获取图像对象 bim 的图形上下文对象 g,这个 g 的功能如同一支绘图笔,程序中使用这支
笔来绘制、修改图像对象 bim */
        Graphics g = bim.getGraphics();
        Random rm = new Random();
        g.setColor(new Color(rm.nextInt(100),205,rm.nextInt(100)));
        g.fillRect(0, 0, width, height);
        StringBuffer sbf = new StringBuffer("");
        //输出数字
        for(int i = 0;i < 4;i++){
            g.setColor(Color.black);
            g.setFont(new Font("华文隶书",Font.BOLD|Font.ITALIC,22));
            int n = rm.nextInt(10);
            sbf.append(n);
            g.drawString("" + n, i * 15 + 5, 18);
        }
        //生成的验证码保存到 session 中
        HttpSession session = request.getSession(true);
        session.setAttribute("piccode", sbf);
        //禁止缓存
        response.setHeader("Prama","no - cache");
        response.setHeader("Coche - Control","no - cache");
        response.setDateHeader("Expires",0);
        response.setContentType("image/jpeg");
        //将 bim 图像以 JPG 格式返回给浏览器。
```

```
        ImageIO.write(bim, "JPG", response.getOutputStream());
        response.getOutputStream().close();
    }
    @Override
    public void doPost(HttpServletRequest request, HttpServletResponse response)
            throws ServletException, IOException {
        doGet(request, response);
    }
    @Override
    public void init() throws ServletException {
    }
}
```

该 Servlet 在 web.xml 文件中的注册信息如下所示。

```
<servlet>
    <servlet-name>ImageServlet</servlet-name>
    <servlet-class>servlet.ImageServlet</servlet-class>
</servlet>
<servlet-mapping>
    <servlet-name>ImageServlet</servlet-name>
    <url-pattern>/ImageServlet</url-pattern>
</servlet-mapping>
```

LogimgServlet.java 参考代码如下：

```
package servlet;
import java.io.IOException;
import java.io.PrintWriter;
import java.sql.Connection;
import java.sql.ResultSet;
import java.sql.SQLException;
import java.sql.Statement;
import javax.servlet.ServletException;
import javax.servlet.http.HttpServlet;
import javax.servlet.http.HttpServletRequest;
import javax.servlet.http.HttpServletResponse;
import javax.servlet.http.HttpSession;
import bean.DBcon;
public class LogimgServlet extends HttpServlet {
    public LogimgServlet() {
        super();
    }
    public void destroy() {
        super.destroy();
    }
    public void doGet(HttpServletRequest request, HttpServletResponse response)
            throws ServletException, IOException {
        request.setCharacterEncoding("utf-8");          //解决 post 提交的中文乱码
        response.setContentType("text/html;charset=gbk");
        PrintWriter out = response.getWriter();
        String checkcode = request.getParameter("checkcode");
```

```
        String piccode = request.getSession().getAttribute("piccode").toString();
        String userName = request.getParameter("userName");
        String passWord = request.getParameter("passWord");
        //用户登录信息存入 session
        request.getSession().setAttribute("logInfo", userName + ";" + passWord + ";" +
checkcode + ";" + piccode);
        String sql = "select * from userinfo";
                sql += " where loginname = '" + userName + "' and password = '" + passWord + "'";
        Connection con = DBcon.getConnection();
        Statement stmt;
        ResultSet rs;
    try {
          stmt = con.createStatement();
          rs = stmt.executeQuery(sql);
    if (rs.next()&(checkcode.equals(piccode))){              //登录信息完全正确
        request.getSession().setAttribute("userName",userName);
        response.sendRedirect("./ch07/welcome.jsp");
      }
   else {                                                    //登录信息有误
        response.sendRedirect("./ch07/logfail.jsp");
        }
      } catch (SQLException e) {
        //TODO Auto - generated catch block
        e.printStackTrace();
      }
    }
    public void doPost(HttpServletRequest request, HttpServletResponse response)
            throws ServletException, IOException {
        doGet(request,response);
    }
    public void init() throws ServletException {
    }
}
```

下面的 log.jsp 程序在用户登录页面中增加了调用 ImageServlet 生成验证码功能，用户输入的验证码和程序生成的验证码均会被转交给 LogimgServlet 进行判断处理。注意，该页面采用< base href="<%=basePath%>">标记指定页面的相对基准地址，在页面中调用 ImageServlet 就是以 basePath 为基准的。

log.jsp 参考代码如下所示。

```
<%@ page language = "java" import = "java.util.*" pageEncoding = "gbk" %>
<%
String path = request.getContextPath();
String basePath = request.getScheme() + "://" + request.getServerName() + ":" +
request.getServerPort() + path + "/";
%>
<html>
<script type = "text/javascript">
function reloadImage(t){ t.src = "./ImageServlet?flag = " + Math.random();
}
```

```
</script>
<head>  <base href="<% =basePath %>"></head>
<body>  <center>
    <form  action="./LogimgServlet"  method="post">
      <table>
        <tr><td colspan="2" align="center">用户登录</td></tr>
        <tr><td>登录名:</td><td><input type="text" name="userName"></td></tr>
        <tr><td>密  码:</td><td><input type="password" name="passWord"></td></tr>
        <tr><td>验证码</td>
            <td><input type="text" name="checkcode">
               <img src="./ImageServlet" align="middle" alt="看不清,点击这里!" + src
                      onclick="reloadImage(this)"></td></tr>
        <tr><td colspan="2" align="center"><input type="submit" value="登录"></td></tr>
        </table>
</form></center>
     </body>
</html>
```

welcome.jsp 与实验 7.2 中同名文件相同，这里从略。

logfail.jsp 参考代码如下所示。

```
<%@ page language="java" import="java.util.*" pageEncoding="utf-8" %>
<html>
  <head>
   <title>logfail.jsp</title>
 </head>
  <body>
 <%
   request.setCharacterEncoding("utf-8");
   String logInfo=(String)session.getAttribute("logInfo");
  %>
      登录失败!登录信息: <% =logInfo %><p>
       单击<a href="log.jsp">这里</a>返回,重新登录!
  </body>
</html>
```

(4) 程序测试，效果如图 7-4 所示。

图 7-4　Servlet 生成验证码的用户登录效果

实验 7.4 文件上传

【实验任务】

利用 Apache 公司的 commons-fileupload.jar 文件上传组件接收浏览器上传的文件，实现文件上传功能。

多数 Web 浏览器端已经提供了对文件上传功能的支持，只要将表单的 enctype 属性设置为 multipart/form-data 即可。但在 Web 服务器端获取浏览器上传的文件则需要进行复杂的编程处理。为了简化文件上传应用开发，一些公司和组织专门开发了文件上传组件。本实验采用 Apache 公司的 commons-fileupload.jar 组件接收浏览器上传的文件，实现文件上传。

该组件由多个类共同组成，使用该组件来实现文件上传功能的应用开发只需要了解和使用其中的 3 个类：DiskFileUpload、FileItem 和 FileUploadException 等。

【实验步骤】

（1）将 commons-fileupload-1.3.jar、commons-io-1.4.jar、cos.jar 3 个包复制到 WebRoot\WEB-INF\lib\目录中。在 d 盘新建 upfile 目录，上传的文件将保存在 d:\upfile 目录中。

（2）设计一个 Servlet(FileUploadServlet.java)类接收浏览器传来的文件，并保存到服务器上指定的目录中。

（3）设计一个 fileupload.jsp，用于为用户在浏览器中选择要上传到服务器的文件提供界面支持。

（4）设计一个 fileupload_list.jsp，用于显示文件上传结果。

FileUploadServlet.java 参考代码如下所示。

```
package servlet;
import java.io.File;
import java.io.IOException;
import java.io.PrintWriter;
import java.util.Iterator;
import java.util.List;
import javax.servlet.ServletException;
import javax.servlet.http.HttpServlet;
import javax.servlet.http.HttpServletRequest;
import javax.servlet.http.HttpServletResponse;
import org.apache.commons.fileupload.DiskFileUpload;
import org.apache.commons.fileupload.FileItem;
import org.apache.commons.fileupload.FileUploadException;
public class FileUploadServlet extends HttpServlet {
    public FileUploadServlet() {
        super();}
```

```
public void destroy() {
    super.destroy(); }
public void doGet(HttpServletRequest request, HttpServletResponse response)
        throws ServletException, IOException {
    response.setContentType("text/html;charset = utf - 8");
    PrintWriter out = response.getWriter();
    //设置保存上传文件的目录
    String uploadDir = "d:/upfile";                    //文件上传后的保存路径
    out.println("上传文件存储目录:" + uploadDir);
    File fUploadDir = new File(uploadDir);
    if(!fUploadDir.exists()){
        if(!fUploadDir.mkdir()){
            out.println("无法创建存储目录 d:/upfile!");
            return;
        }
    }
    if (!DiskFileUpload.isMultipartContent(request)){
        out.println("只能处理 multipart/form - data 类型的数据!");
        return;
    }
    DiskFileUpload fu = new DiskFileUpload();
    fu.setSizeMax(1024 * 1024 * 200); //最多上传 200MB 数据
    fu.setSizeThreshold(1024 * 1024); //超过 1MB 的数据采用临时文件缓存
    //fu.setRepositoryPath(...);  //设置临时文件存储位置(如不设置,则其将采用默认位置)
    fu.setHeaderEncoding("utf - 8"); //设置上传的文件字段的文件名所用的字符集编码
    List fileItems = null;            //创建文件集合,用于保存浏览器表单传来的文件
    try {
        fileItems = fu.parseRequest(request); }
      catch(FileUploadException e)
      {
          out.println("解析数据时出现如下问题: ");
          e.printStackTrace(out);
       return;          }
    //下面通过迭代器逐个将集合中的文件取出,保存到服务器上
    Iterator it = fileItems.iterator();          //创建迭代器对象 it
    while (it.hasNext())
    {
      FileItem fitem = (FileItem) it.next();     //由迭代器取出文件项
      if (!fitem.isFormField())                  //忽略其他不属于文件域的那些表单信息
        try{ String pathSrc = fitem.getName();
           //文件名为空的文件项不处理
           if(pathSrc.trim().equals(""))continue;
          //确定最后的"\"位置,以此获取不含路径的文件名
           int start = pathSrc.lastIndexOf('\\');
          //获取不含路径的文件名
           String fileName = pathSrc.substring(start + 1);
           File pathDest = new File(uploadDir, fileName); //构建目标文件对象
           fitem.write(pathDest);                         //将文件保存到服务器上
         }
        catch (Exception e)
        {  out.println("存储文件时出现如下问题: ");
```

```
                e.printStackTrace(out);
                return; }
            finally                                //总是立即删除保存表单字段内容的临时文件
            { fitem.delete(); }
        }
        response.sendRedirect("./ch07/fileupload_list.jsp");
    }
    public void doPost(HttpServletRequest request, HttpServletResponse response)
            throws ServletException, IOException{
        doGet(request,response);
    }
    public void init() throws ServletException {
    }
}
```

fileupload.jsp 参考代码如下所示。

```
<%@ page language = "java" %>
<%@ page contentType = "text/html;charset = utf-8" %>
<html>
<head><title>文件上传</title></head>
<body bgcolor = "#FFFFFF" text = "#000000" leftmargin = "0" topmargin = "40"
    marginwidth = "0" marginheight = "0">
    <center><h1>文件上传</h1>
    <form name = "uploadform" method = "POST" action = "../FileUploadServlet" ENCTYPE =
"multipart/form-data">
      <table border = "3" width = "450" cellpadding = "4" cellspacing = "2" bordercolor =
"#9BD7FF">
        <tr><td colspan = "2">
            文件 1: <input type = "file" name = "file1" size = "40"></td></tr>
        <tr><td colspan = "2">
            文件 2: <input type = "file" name = "file2" size = "40"></td></tr>
        <tr><td colspan = "2">
            文件 3: <input type = "file" name = "file3" size = "40"></td></tr>
      </table><br><br>
      <table>
        <tr><td align = "center">
          <input type = "submit" name = "submit" value = "开始上传"/></td></tr>
        </table>
    </form></center>
  </body>
</html>
```

fileupload_list.jsp 参考代码如下所示。

```
<%@ page contentType = "text/html; charset = utf-8" import = "java.io.*" %>
<html>
<head><title>文件目录</title></head>
<body>
<font size = 4 color = red>已上传的文件目录列表</font><br>
<font size = 5 color = blue>
```

```
<%
    String path = "d:/upfile";
    File fl = new File(path);
    File filelist[] = fl.listFiles();
    out.println("服务器上上传文件的保存路径: " + path + "<br><br>");
    for(int i = 0; i < filelist.length; i++)
    {
      out.println((i + 1) + ":" + filelist[i].getName() + "  <br>");
      //如果是图像文件,可用以下语句显示图像。
      //out.println("<img src = images\\" + filelist[i].getName() + "><br><br>");
    }
%>
</body>
</html>
```

（5）程序运行效果如图 7-5 所示。

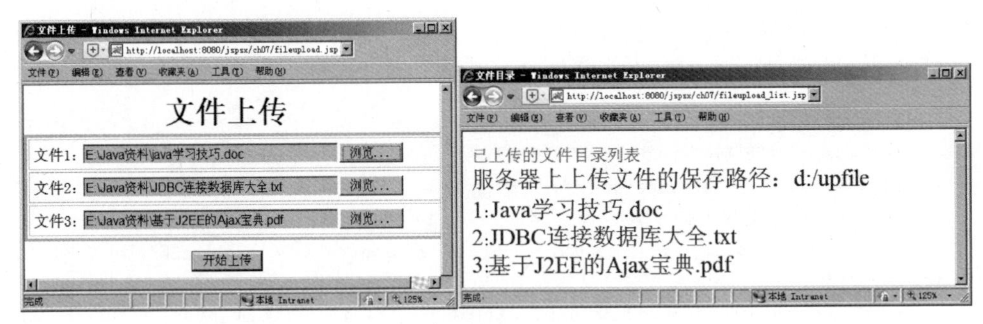

图 7-5 Servlet 处理客户上传的文件

实验 7.5 文件下载

对于文件下载功能，采用文件流对象读取文件，再将文件流输出到浏览器，实现文件下载。这种文件流方法适用于所有文件类型的强制下载。

实验步骤如下：

（1）在服务器“d:/upfile”文件夹中准备好下载的文件。

（2）设计一个 Servlet(DownloadFileServlet.java)类，该 Servlet 通过文件流的方式将服务器指定文件夹中的文件下载到用户计算机上。

（3）设计一个 fileupload_list.jsp，用于通过浏览器查看服务器上指定文件夹中的文件，添加超链接，点击超链接即可下载相应文件到用户计算机。

首先设计一个 Servlet(DownloadFileServlet.java)类，该 Servlet 接收用户传递过来的需要下载的文件名，将服务器上指定文件夹中的文件通过文件流的方式下载到用户计算机。

代码清单：jspweb 项目/src/servlet/DownloadFileServlet.java

```
package servlet;
import java.io.BufferedInputStream;
import java.io.BufferedOutputStream;
import java.io.File;
```

```
import java.io.FileInputStream;
import java.io.IOException;
import java.io.InputStream;
import java.io.OutputStream;
import java.io.PrintWriter;
import java.net.URLDecoder;
import java.net.URLEncoder;
import javax.servlet.ServletException;
import javax.servlet.http.HttpServlet;
import javax.servlet.http.HttpServletRequest;
import javax.servlet.http.HttpServletResponse;
public class DownloadFileServlet extends HttpServlet {
    public DownloadFileServlet() {
        super();
    }
    public void destroy() {
        super.destroy();
    }
    /**
     * download()方法用于下载服务器 Tomcat 上的文件,path_filename 是带全路径的文件名
     * @param path
     * @param response
     * @return
     */
    public HttpServletResponse download(String path_filename, HttpServletResponse response) {
      try {
            File file = new File(path_filename);
            String filename = file.getName();          // 取得文件名
            // 以下语句可取得文件的后缀名
            //String ext = filename.substring(filename.lastIndexOf(".") + 1).toUpperCase();
            // 以流的形式下载文件
            InputStream fis = new BufferedInputStream(new FileInputStream(path_filename));
            byte[] buffer = new byte[fis.available()];
            fis.read(buffer);
            fis.close();
            response.reset();                          // 清空 response
            //处理文件名的中文乱码问题(对中文进行编码转换即可)
            filename = URLEncoder.encode(filename,"gbk");
            filename = URLDecoder.decode(filename, "ISO8859_1");
            // 设置 response 的 Header
            response.addHeader("Content-Disposition", "attachment;filename=" + filename);
            response.addHeader("Content-Length", "" + file.length());
            //从 response 对象获得文件输出流
            OutputStream ostoClient = new BufferedOutputStream(response.getOutputStream());
            //输出到浏览器的内容为数据流
            response.setContentType("application/octet-stream");
            ostoClient.write(buffer);
            ostoClient.flush();
            ostoClient.close();
        } catch (Exception ex) { //ex.printStackTrace();
          }finally{
```

```
            //  File f = new File(path_filename);//删除服务器上已下载的文件
            //  f.delete();
            }
        return response;
    }
  public void doGet(HttpServletRequest request, HttpServletResponse response)
        throws ServletException, IOException {
          doPost(request, response);
        }
  public void doPost(HttpServletRequest request, HttpServletResponse response)
          throws ServletException, IOException {
      request.setCharacterEncoding("utf-8");
      response.setContentType("text/html;charset=utf-8");
      PrintWriter out = response.getWriter();
      String filename=request.getParameter("filename");
      String fn=URLDecoder.decode(filename, "UTF-8"); //在服务器端对正文文件名进行解码
      //下载文件的物理路径
      String dounloadfilename = "d:/upfile/"+fn;
      //将全路径文件名传递给采用文件流下载文件方法download()
      this.download(dounloadfilename, response);
  }
  public void init() throws ServletException {
      // Put your code here
  }
}
```

再设计一个JSP(fileupload_list.jsp)，用于显示服务器上指定文件夹中的文件列表，在相应文件后面增加"下载"超链接，点击该"下载"超链接即可下载相应文件。实验时，注意在超链接中要准确表达fileupload_list.jsp与DownloadFileServlet的访问路径相对关系，以免找不到DownloadFileServlet。fileupload_list.jsp代码如下。

代码清单：jspweb项目/WebRoot/ch07/fileupload_list.jsp

```
<%@ page contentType="text/html; charset=utf-8"
    import="java.io.*,java.net.URLEncoder,java.net.URLDecoder" %>
<html>
<head>
    <title>文件目录</title>
</head>
<body>
<font size=5 color=red>已上传的文件目录列表</font><br>
<font size=5 color=blue>
<%
  String path = "d:/upfile";
    File fl = new File(path);
    File filelist[] = fl.listFiles();
    out.println("服务器上传文件的保存路径:"+path+"<br><br>");
    //文件显示时不带下载超链接
    out.println(path+"文件夹中已经上传的文件的列表(只可查看,不可下载):<br>");
    for(int i=0; i<filelist.length; i++)
    {
```

```
        out.println((i+1)+":"+filelist[i].getName()+"  <br>");
        //如果是图片文件,可用以下语句显示图片.
        //out.println("<img src=images\\"+filelist[i].getName()+"><br><br>");
    }
    //文件显示时带有下载超链接
    out.println("<br><hr>"+path+"文件夹中已经上传的文件的列表(提供下载功能):<br>");
    for(int i=0; i<filelist.length; i++)
    {
    /*
    在客户端使用 URLEncoder.encode("中文参数","UTF-8")对中文参数进行编码,在服务器端需
要进行解码 this.setName(java.net.URLDecoder.decode(name, "UTF-8"));
    */
    String fn=URLEncoder.encode(filelist[i].getName(),"UTF-8");
    out.print((i+1)+":"+filelist[i].getName()+"<a href='../DownloadFileServlet?
filename="+fn+"'>下载</a><br>");
    }
%>
</body>
</html>
```

程序运行效果如图 7.6 所示。

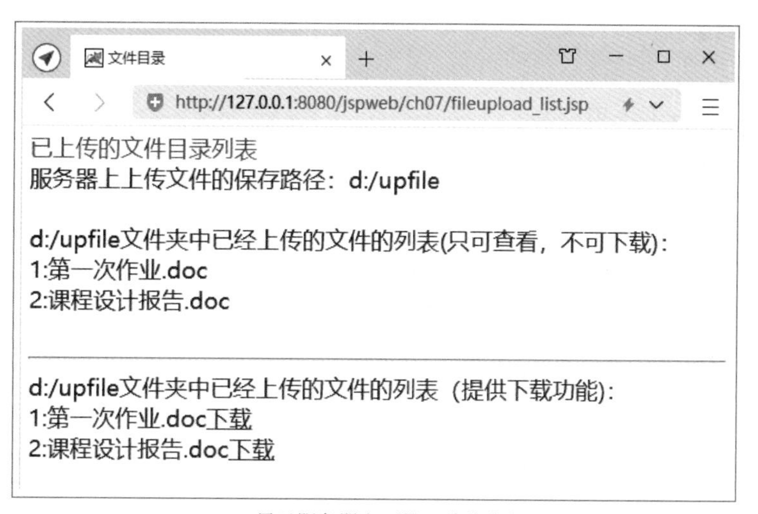

(a) 显示服务器上可供下载的文件

(b) 单击"下载"按钮后，从服务器下载文件到用户计算机

图 7.6 利用 Servlet 实现文件下载

第8章

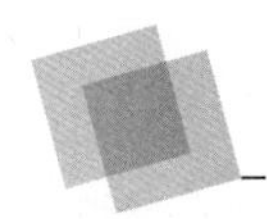

过 滤 器

过滤器(filter)是 Servlet 技术中比较重要的部分,Web 开发人员通过过滤器可以对 Web 服务器管理的所有 Web 资源(如 JSP、Servlet、HTML 及其他资源文件)进行拦截,从而实现一些特殊的功能。例如,统一处理中文参数传递乱码、实现 URL 级别的权限访问控制、过滤敏感词汇、压缩响应信息等。

【实验目的】

(1) 了解过滤器的作用。
(2) 掌握过滤器的开发与部署的步骤。
(3) 了解过滤器链。

实验 8.1　处理中文乱码的过滤器

【实验任务】

编写登录表单处理程序,引入过滤器并统一处理所有请求编码,解决中文乱码问题。

【实验原理】

过滤器是 Web 服务器上的组件,其可以对客户和资源之间的请求和响应进行过滤。过滤器的工作原理是:当 Servlet 容器接收到对某个资源的请求,它要检查是否有过滤器与之关联。如果有过滤器与该资源关联,Servlet 容器将把该请求发送给过滤器。在过滤器处理完请求后,它将做 3 件事:产生响应并将其返回给客户;如果有过滤器链,将(修改过或没有修改过)请求传递给下一个过滤器;将请求传递给不同的资源。当请求返回到客户时,它是以相反的方向经过同一组过滤器返回。在过滤器链中的每个过滤器都有可能修改响应。过滤器 API 主要包括 Filter、FilterConfig、FilterChain 等接口。

【实验步骤】

(1) 编写一个用户请求表单页面 loginform. html,为用户提供表单向服务器传递请求参数。

loginform. html 参考代码如下所示。

```
<html>
<head>
<title>使用过滤器改变请求编码</title>
<meta http-equiv = "Content-Type" content = "text/html;charset = utf-8">
</head>
  <body><center><h2>
    请输入用户名和口令: </h2>
    <form method = "post" action = "../CheckParamServlet">
    <table>
    <tr><td>用户名: </td>
    <td><input name = "name" type = "text"></td></tr>
    <tr><td>口 令: </td>
    <td><input name = "pass" type = "password"></td><tr>
    <td></td>
    <td><input name = "ok" type = "submit" value = "提交">
        <input name = "cancel" type = "reset" value = "重置"></td></tr>
    </table>
    </form>
    </center>
  </body>
</html>
```

(2) 编写处理请求参数的 Servlet(即 CheckParamServlet. java 文件),处理用户表单请求参数。

参考代码如下所示。

```
package servlet;
import java.io.*;
import javax.servlet.*;
import javax.servlet.http.*;
public class CheckParamServlet extends HttpServlet {
public void doGet(HttpServletRequest request, HttpServletResponse response)
        throws ServletException, IOException {
    String name = request.getParameter("name");
    String pass = request.getParameter("pass");
    response.setContentType("text/html;charset = utf-8");
    PrintWriter out = response.getWriter();
    out.println("<html><head><title>Param Test</title></head>");
    out.println("<h3 align = center>你的用户名为: " + name + "</h3>");
    out.println("<h3 align = center>你的口令为: " + pass + "</h3>");
    out.println("</body></html>");
}
```

```
public void doPost(HttpServletRequest request, HttpServletResponse response)
        throws ServletException, IOException {
    doGet(request, response);
}
}
```

（3）修改 web.xml 文件，加入下面代码（可由 Servlet 向导自动完成，注意 Servlet 的 URL 设置）。

```
<servlet>
   <servlet-name>CheckParamServlet</servlet-name>
   <servlet-class>servlet.CheckParamServlet</servlet-class>
 </servlet>
 <servlet-mapping>
   <servlet-name>CheckParamServlet</servlet-name>
   <url-pattern>/CheckParamServlet</url-pattern>
 </servlet-mapping>
```

（4）在浏览器的地址栏中输入 URL：http://localhost:8080/jspsx/ch08/loginform.html，输入用户名和口令，然后单击"提交"按钮，经 CheckParamServlet 处理后返回结果，如图 8-1 所示。

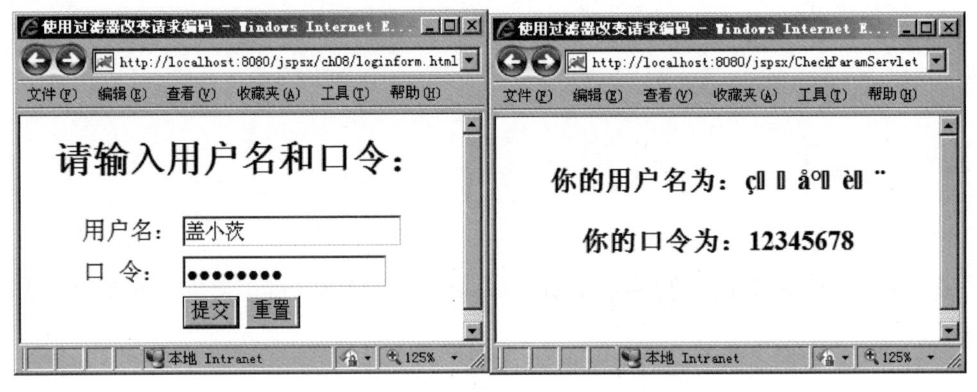

图 8-1　读取 request 参数时没有指定编码会出现中文乱码

可以看到从服务器返回的汉字是乱码，原因是没有指定 request 的编码。

（5）编写一个过滤器 EncodingFilter.java，改变请求编码，统一处理请求参数的中文编码。

系统中是否启用过滤器可通过 web.xml 配置文件来控制，在实验时，注意观察过滤器启用和关闭两种情形的效果（不用过滤器时会产生中文乱码）。

EncodingFilter.java 参考代码如下所示。

```
package filter;
java.io.IOException;
import javax.servlet.*;
public class EncodingFilter implements Filter {
protected String encoding = null;
protected FilterConfig config;
```

```
public void init(FilterConfig filterConfig) throws ServletException {
    this.config = filterConfig;                     //得到在 web.xml 中配置的编码
    this.encoding = filterConfig.getInitParameter("Encoding");
}
public void doFilter(ServletRequest request, ServletResponse response,
        FilterChain chain) throws IOException, ServletException {
    if (request.getCharacterEncoding() == null) {   //得到指定的编码
        String encode = getEncoding();
        if (encode != null) {                       //设置 request 的编码
            request.setCharacterEncoding(encode);
            response.setCharacterEncoding(encode);
        }
    }
    chain.doFilter(request, response);
}
protected String getEncoding() {
    return encoding;
}
public void destroy() {
}
}
```

(6) 在 web.xml 文件中配置过滤器，加入编码参数 utf-8，代码如下所示。

```
<filter>
 <filter-name>EncodingFilter</filter-name>
 <filter-class>filter.EncodingFilter</filter-class>
 <init-param>
  <param-name>Encoding</param-name>
  <param-value>utf-8</param-value>
 </init-param>
</filter>
<filter-mapping>
  <filter-name>EncodingFilter</filter-name>
  <url-pattern>/*</url-pattern>
</filter-mapping>
```

(7) 重复步骤(4)，在浏览器的地址栏中输入 URL，结果如图 8-2 所示。

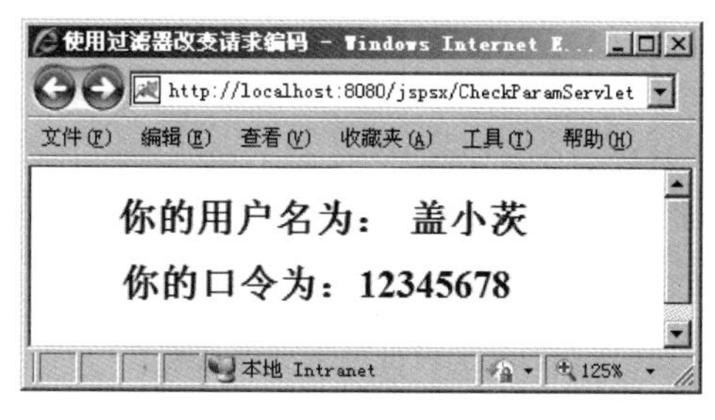

图 8-2　过滤器设置 request 编码，统一解决中文乱码问题

实验 8.2　用过滤器限制用户 IP

【实验任务】

设计一个 IP 地址过滤器，只允许指定范围的 IP 地址才可以登录系统，而拒绝不在此范围的 IP 地址登录。

过滤器程序设计思路：可以将起始 IP 地址和终止 IP 地址写在 web.xml 配置文件中，本实验为方便将读取到的起止 IP 地址存放到 request 对象中，以便比对过滤结果，将从 web.xml 中读取起止 IP 地址的语句安排在过滤器的 doFilter()方法中。实际项目一般在过滤器的 init()方法中读取这些配置信息。当有客户请求资源时，首先获取客户的 IP 地址，并将客户的 IP 与读取配置文件的 IP 地址作比较，如果客户 IP 在有效范围内则允许登录，否则拒绝登录。

【实验步骤】

（1）编写 IP 地址过滤器 FilterIP.java，并在 web.xml 中进行配置。

FilterIP.java 参考代码如下所示。

```
package filter;
import java.io.IOException;
import javax.servlet.Filter;
import javax.servlet.FilterChain;
import javax.servlet.FilterConfig;
import javax.servlet.ServletException;
import javax.servlet.ServletRequest;
import javax.servlet.ServletResponse;
import javax.servlet.http.HttpServletRequest;
import javax.servlet.http.HttpServletResponse;
public class FilterIP implements Filter {
private FilterConfig filterConfig;
private int startIp;                                    //起始 IP 地址
private int endIp;                                      //终止 IP 地址
public void destroy() {
}
public void doFilter(ServletRequest arg0, ServletResponse arg1,
        FilterChain arg2) throws IOException, ServletException {
    //将 ServletRequest 转换为 HttpServletRequest
    HttpServletRequest request = (HttpServletRequest) arg0;
    //将 ServletResponse 转换为 HttpServletResponse
    HttpServletResponse response = (HttpServletResponse) arg1;
    //从 web.xml 中读取初始化参数 startIP
    String strstartIp = filterConfig.getInitParameter("startIp");
    //从 web.xml 中读取初始化参数 endIP
    String strendIp = filterConfig.getInitParameter("endIp");
```

```
    request.setAttribute("strstartIp",strstartIp);
    request.setAttribute("strendIp",strendIp);
    //将起始 IP 地址中的"."去掉,再转为整型量,如 127.0.0.1 变为 127001
    startIp = Integer.parseInt(strstartIp.replace(".", ""));
    endIp = Integer.parseInt(strendIp.replace(".", ""));
    String reqIP = request.getRemoteHost();//获取客户端的 IP 地址
    request.setAttribute("reqIP",reqIP);
    reqIP = reqIP.replace(".", "");        //将 IP 地址中的"."去掉,如 127.0.0.1 变为 127001
      //request.getRequestDispatcher("/ch08/filtIp.jsp").forward(request, response);
      //request.getRequestDispatcher("error.jsp").forward(request, response);
    int ip = Integer.parseInt(reqIP);       //将字符串转为 int 型数据
       //如果用户的 IP 不在允许范围内则转发到 error.jsp 页面
if(ip < startIp || ip > endIp) {
      request.getRequestDispatcher("/ch09/filtIp.jsp").forward(request, response);
    }
    System.out.println("这是对 request 的过滤");
    arg2.doFilter(arg0, arg1);              //调用下一个 FILTER 或调用资源
    System.out.println("这是对 response 的过滤");
}
public void init(FilterConfig arg0) throws ServletException {
    this.filterConfig = arg0;
}
}
```

在 init()方法中,FilterConfig 对象的 getInitParameter()方法可以一次读取 web.xml 文件中的配置信息,利用 request 对象的 getRemoteHost()方法可以获取客户端的 IP 地址,将客户端的 IP 地址与配置文件中的 IP 地址范围比较,就可以实现对登录用户的限制。

(2) 在 web.xml 中要对过滤器进行配置,配置代码如下所示。

```
<filter>
    <filter-name>filterIp</filter-name>
  <filter-class>filter.FilterIP</filter-class>
 <init-param>
     <param-name>startIp</param-name>
     <param-value>127.0.0.2</param-value>
  </init-param>
  <init-param>
     <param-name>endIp</param-name>
     <param-value>127.0.0.5</param-value>
  </init-param>
</filter>
<filter-mapping>
    <filter-name>filterIp</filter-name>
    <url-pattern>/*</url-pattern>
</filter-mapping>
```

在上面的配置中,<filter>标记配置了过滤 IP 地址的过滤器,过滤器的名字是 filterIp,实现类的完整类名是 filter.FilterIP,其中的<init-param>子标记定义两个初始化参数 startIp 和 endIp,分别表示 IP 的起始地址和终止地址;<filter-mapping>标记定义 filterIP 过滤器对哪些资源的访问进行过滤,这里设置为/*,表示对所有资源都要过滤。在

WebRoot\ch09\目录下建立一个JSP文件filtIp.jsp，访问Web服务下的任何一个资源，这个过滤器都会起作用。

（3）编写用户测试程序filtIp.jsp。运行时，根据web.xml中过滤器起止地址变换客户计算机的IP地址，观察过滤效果。

filtIp.jsp参考代码如下所示。

```
<%@ page language="java" import="java.util.*" pageEncoding="utf-8"%>
<html>
  <head>
      <title>显示过滤器拦截结果</title>
  </head>
  <body>
      对不起,你的IP地址是:<%=request.getAttribute("reqIP") %><br>
      不在服务范围内!<hr>
web.xml设置的合法地址范围是:<br>
xml设置的startIp=<%=request.getAttribute("strstartIp") %><br>
xml设置的endIp=<%=request.getAttribute("strendIp") %><br>
   </body>
</html>
```

（4）在浏览器地址栏中输入http://localhost:8080/jspsx/index.jsp，可看到过滤器已起作用，如图8-3所示。

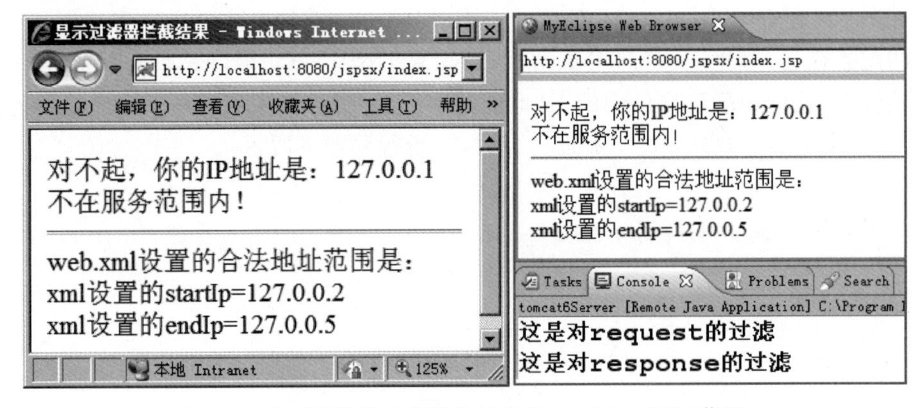

图8-3 使用过滤器控制登录用户的IP地址可访问范围

从实验可知，来自本机请求的IP地址是127.0.0.1，而web.xml配置文件中的可访问起止地址是127.0.0.2～127.0.0.5，客户的IP地址不在允许范围内，故该请求被过滤器拦截，被转发到了filtIp.jsp页面，不能到达请求资源index.jsp页面。

为了调试程序时能够在控制台上显示Filter.java中的System.out.println()语句的输出内容，必须在MyEclipse工具栏上开启Tomcat，再在MyEclipse工具栏上开启内置浏览器，在地址栏中输入http://localhost:8080/jspsx/ch09/filtIp.jsp，则出现运行结果，其中，控制台上输出了过滤器过滤作用前后的输出信息，输出信息表明，过滤器可以在请求对象(request)到达资源之前进行过滤处理，也可以对服务器输出的响应对象(response)进行过滤处理。

如果改变web.xml文件中的startIp的值为127.0.0.0并重启Tomcat服务器，再访问与上面同样的网址，则可以发现已经能够请求 index. jsp 页面了，这是因为请求的 IP 地址在允许范围内。

实验 8.3 用过滤器强制用户登录

本实验是本书主教材《JSP Web 技术及应用》中提供的网上书店实例项目中一个实用的过滤器(对应教材例 8-2)。

【实验任务】

设计一个过滤器，该过滤器有两个功能，一是在 web. xml 配置过滤器时通过参数 encoding 指明使用何种字符集编码来获取请求对象的参数，以便对所有请求统一处理表单参数的中文问题；二是不允许未经登录的用户访问站点中的任何其他资源。

实现强制用户登录这一功能的原理是在过滤器中检查 session 对象中是否保存有用户名以便判断用户是否已登录，施加此禁制后，未经登录而直接访问站点下的任何其他资源都会强制返回登录页面 index. html。

【实验步骤】

(1) 在 filter 包中创建过滤器 CharacterEncodingFilter. java，并在 web. xml 进行配置。

(2) 在 WebRoot 目录下设计登录页面 login. html。登录表单信息将提交到/ch08/checkUser. jsp 文件。

(3) 在 WebRoot 下 ch08 文件夹中设计 checkUser. jsp。该 JSP 文件可获取登录用户名，并存入 session。

(4) 在 ch08 中编写一个简单的 main. jsp 页面，使 checkUser. jsp 用户名处理完毕后转该页面。

CharacterEncodingFilter. java 参考代码如下所示。

```
package filter;
import java.io.IOException;
import javax.servlet.Filter;
import javax.servlet.FilterChain;
import javax.servlet.FilterConfig;
import javax.servlet.ServletException;
import javax.servlet.ServletRequest;
import javax.servlet.ServletResponse;
import javax.servlet.http.HttpServletRequest;
import javax.servlet.http.HttpServletResponse;
public class CharacterEncodingFilter implements Filter {
public void destroy() {
}
public void doFilter(ServletRequest request, ServletResponse response,
```

```
        FilterChain chain) throws IOException, ServletException {
request.setCharacterEncoding("utf-8");          //设置获取请求参数时所使用的编码集合
HttpServletRequest req = (HttpServletRequest) request;
HttpServletResponse res = (HttpServletResponse) response;
String basePath = req.getScheme() + "://" + req.getServerName() + ":" + req.getServerPort() +
req.getContextPath() + "/";                     //获得项目基准路径
String url = req.getRequestURL().toString();    //从 request 对象中获取访问资源 URL
String str = (String) req.getSession().getAttribute("userName");//从 session 中取得用户名
//下列 4 行,调试时使用,主要是观察 URL,以便保证逻辑判断无误
System.out.println("1basePath = " + basePath);
System.out.println("2 url = " + basePath + "ch08/checkUser.jsp");
System.out.println("3url = " + url);
System.out.println("4str = " + str);
  //强制登录逻辑判断,如果已登录(session 中已有用户名)或访问登录页面及验证页面均可放行
  //如果已登录或请求的是登录相关资源,则放行; 否则,转到登录页面
if (str != null
    || url.equals(basePath + "login.html")
    //|| url.equals(basePath + "img/top.jpg")
    || url.equals(basePath + "ch08/checkUser.jsp")
    ) {
        chain.doFilter(request, response);
    } else {
        /* 过滤器的相对基准地址与用户请求的 URL 一致,注意,这里用的是项目根路径"/"
         这样适用于来自任何路径的请求,否则,有些请求不能转到登录页面 */
        res.sendRedirect("/jspsx/login.html");
    }
}
public void init(FilterConfig arg0) throws ServletException {
}
}
```

在 web.xml 中要对过滤器进行配置，代码如下所示。

```
<filter>
  <filter-name>character</filter-name>
  <filter-class>filter.CharacterEncodingFilter</filter-class>
</filter>
<filter-mapping>
  <filter-name>character</filter-name>
  <url-pattern>/*</url-pattern>
</filter-mapping>
```

checkUser.jsp 参考代码如下所示。

```
<%@ page language = "java" contentType = "text/html; charset = gb2312" %>
<html>
<head>
<title>checkUser.jsp</title>
```

```
</head>
<body>
<%
    request.setCharacterEncoding("gb2312");  //解决 login.html 中表单 post 方式提交的中文乱码
    String name = request.getParameter("loginName");
    System.out.println("checkuser.jsp name = " + name);
    session.setAttribute("userName",name); //将用户名保存到 session 中
    response.sendRedirect("main.jsp");      //转到主页面。此时,已登录成功,可实现任意跳转
%>
</body>
</html>
```

login.html 参考代码如下所示。

```
<html>
  <head>
    <title>login.html</title>
  </head>
  <body>
    <table align = "center">
    <tr><td align = "center"><p>
 <font color = "red" size = "3"  style = "font - family:simhei">请登录: </font><p>
      <form method = "post" action = "./ch08/checkUser.jsp" target = "_blank"><p>
                用户名:<input type = "text" name = "loginName" size = "20"><p>
                密  码:<input type = "password" name = "passWord" size = "20"><p>
             <input type = "submit" value = "提交">
             <input type = "reset" value = "重置">
      </form></td></tr>
  </table>
  </body>
</html>
```

main.jsp 参考代码如下所示。

```
<%@ page language = "java" pageEncoding = "utf - 8" %>
<html>
  <head>
    <title>main.jsp</title>
  </head>
  <body>
      恭喜你,登录成功! <br>
  </body>
</html>
```

(5) 程序测试,在地址栏输入任意 URL,如输入“http://localhost:8080/jspsx/index.jsp”,观察运行效果,如图 8-4 所示。

对于未登录的用户来说,在 MyEclipse 开发环境中输入任意地址,都会强制转到登录页面(下面可观察到调试信息),登录成功后,再访问站点其他资源就不会再要求登录了。

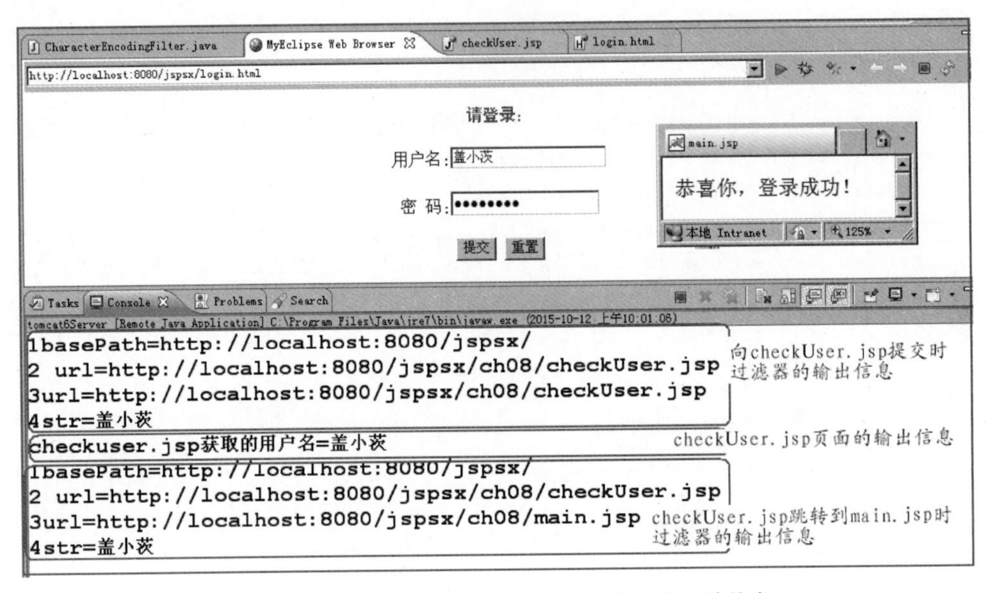

图 8-4　利用过滤器强制用户登录运行效果及调试信息

第9章

EL与JSTL

EL(expression language,表达式语言)主要作用是避免在JSP中出现脚本。EL提供了在JSP中简化表达式的方法。实验目的是熟悉与初步掌握EL表达式的使用,并认识到EL表达式在增强程序的可读性与可维护性方面的作用。

该技术中内置了很多的隐含对象,可以方便开发者直接访问。同时使用EL表达式还可以快速地遍历域中属性及实现算术计算。

EL表达式在获取指定域属性时会默认地从最小的域到最大的域逐一对指定的属性进行检索,直到找到时方返回。

【实验目的】

了解表达式语言的功能;掌握表达式语言的使用。

实验9.1 表达式语言的使用

【实验内容】

编写JSP程序,使用EL运算符进行基本运算。

【实验步骤】

(1) 编写JSP程序el_operator.jsp。

el_operator.jsp参考代码如下所示。

```
<%@ page contentType = "text/html;charset = utf - 8" %>
<html>
  <head><title>JSP 2.0 Expression Language - Basic Arithmetic</title></head>
<body>
  <h1>JSP 2.0 表达式语言 - 基本算术运算符</h1><hr>
      该例说明基本的表达式语言的算术运算符的使用,其中包括加(+)、减(-)、乘(*)、除(/ 或
div)、取余(% 或 mod)。<br>
```

```
<blockquote>
<code>
<table border = "1">
  <thead><td><b>EL 表达式</b></td><td><b>结果</b></td></thead>
  <tr><td>\${1}</td><td>${1}</td></tr>
  <tr><td>\${1 + 2}</td><td>${1 + 2}</td></tr>
  <tr><td>\${1.2 + 2.3}</td><td>${1.2 + 2.3}</td></tr>
  <tr><td>\${1.2E4 + 1.4}</td><td>${1.2E4 + 1.4}</td></tr>
  <tr><td>\${-4 - 2}</td><td>${-4 - 2}</td></tr>
  <tr><td>\${21 * 2}</td><td>${21 * 2}</td></tr>
  <tr><td>\${3/4}</td><td>${3/4}</td></tr>
  <tr><td>\${3 div 4}</td><td>${3 div 4}</td></tr>
  <tr><td>\${3/0}</td><td>${3/0}</td></tr>
  <tr><td>\${10 % 4}</td><td>${10 % 4}</td></tr>
  <tr><td>\${10 mod 4}</td><td>${10 mod 4}</td></tr>
  <tr><td>\${(1 == 2) ? 3 : 4}</td><td>${(1 == 2) ? 3 : 4}</td></tr>
 </table>
 </code>
 </blockquote>
 </body>
</html>
```

(2) 程序运行效果如图 9-1 所示。

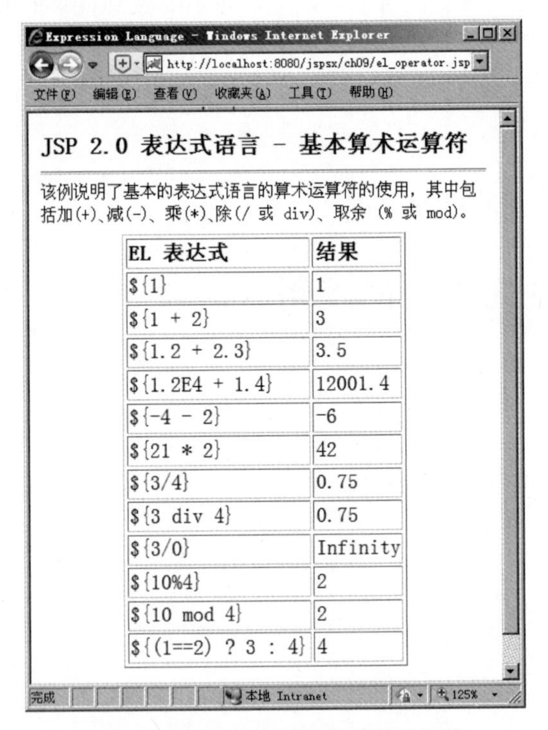

图 9-1 利用 EL 表达式进行基本运算

(3) 编写 JSP 程序 implicit.jsp，体验 EL 表达式中隐含对象的使用方式。implicit.jsp 参考代码如下所示。

```
<%@ page contentType = "text/html;charset = utf-8" pageEncoding = "utf-8" %>
```

```
<html>
  <head>
    <title>EL implicit objects</title>
  </head>
<body>
   <% request.setCharacterEncoding("utf-8"); %>
   <h3>JSP 2.0 表达式语言 - 隐含对象</h3><hr>
   <blockquote>
     <b>输入 yourName 参数值</b>
    <form action = "implicit.jsp" method = "post">
      yourName = <input type = "text" name = "yourName" value = "${param['yourName']}">
    <input type = "submit">
    </form><br>
   <code>
    <table border = "1">
     <thead>
      <td><b>EL 表达式</b></td>
     <td><b>结果</b></td>
   </thead>
   <tr><td>\${param.yourName}</td><td>${param.yourName} </td></tr>
   <tr><td>\${param.yourName}</td><td>${param.yourName} </td></tr>
   <tr><td>\${header.host}</td><td>${header.host}</td></tr>
   <tr><td>\${header.accept.}</td><td>${header.accept}</td></tr>
   <tr><td>\${header.user-agent}</td><td>${header.user-agent}</td></tr>
   </table>
  </code>
  </blockquote>
</body>
</html>
```

（4）程序运行效果如图 9-2 所示。

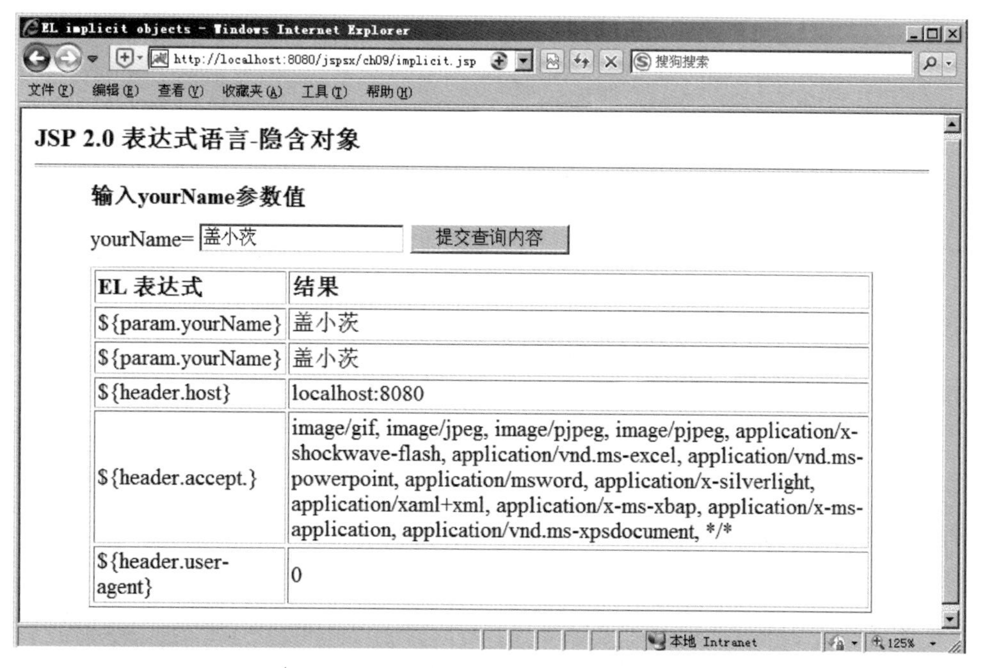

图 9-2　EL 表达式中隐含对象的操作方法

实验 9.2 EL 表达式实验

【实验内容】

在客户端的表单中填写用户注册信息并提交后，应用 EL 表达式通过访问 JavaBean 属性的方法将用户信息显示到页面上。

【实验步骤】

(1) 编写用户实体类 UserFrom.java、用户填写表单信息程序 forminfo.jsp、表单处理程序 formdeal.jsp，使用 JavaBean 自动接收表单信息，再利用 EL 表达式获取 JavaBean 的属性并在浏览器中显示。

UserFrom.java 参考代码如下所示。

```
package bean;
public class UserFrom {
    private String username;
    private String pwd;
    private String sex;
    private String[] affect = null;
    public String getUsername() {return username;}
    public void setUsername(String username) {this.username = username;}
    public String getPwd() {return pwd;}
    public void setPwd(String pwd) {this.pwd = pwd;}
    public String getSex() {return sex;}
    public void setSex(String sex) {this.sex = sex;}
    public String[] getAffect() {return affect;}
    public void setAffect(String[] affect) {this.affect = affect;}
}
```

forminfo.jsp 参考代码如下所示。

```
<%@ page language="java" import="java.util.*" pageEncoding="utf-8" %>
<html>
  <head>
    <title>forminfo.jsp</title>
  </head>
  <body>
      请填写表单信息<br>
    <form action="./formdeal.jsp" method="post">
        用户名:<input type="text" name="username"><br>
        密　码:<input type="password" name="pwd" ><br>
        确认密码: <input type="password" name="repwd"><br>
        性别: <input type="radio" name="sex" value="男">男
            <input type="radio" name="sex" value="女">女<br>
```

```
    爱好: <input name="affect" type="checkbox" value="体育">体育
        <input name="affect" type="checkbox" value="美术">美术
        <input name="affect" type="checkbox" value="音乐">音乐
        <input name="affect" type="checkbox" value="旅游">旅游<br>
        <input type="submit" value="提交">
        <input type="reset" value="重置"><hr>
              该表单信息将提交给 formdeal.jsp 页面,formdeal.jsp 使用 EL 表达式获取表
单信息。
      </form>
    </body>
  </html>
```

formdeal.jsp 参考代码如下所示。

```
<%@ page language="java" import="java.util.*" pageEncoding="utf-8"%>
<jsp:useBean id="userFrom" class="bean.UserFrom" scope="page" />
<% request.setCharacterEncoding("utf-8"); %>
<jsp:setProperty property="*" name="userFrom"/>
<html>
  <head><title>formdeal.jsp</title></head>
  <body>
      用户显示:<br>
      用户名: ${userFrom.username}<br>
      密码:   ${userFrom.pwd }<br>
      性别:   ${userFrom.sex }<br>
      爱好:   ${userFrom.affect[0] } ${userFrom.affect[1] } ${userFrom.affect[2] }
${userFrom.affect[3] }<br>
    <input name="button" type="button" value="返回" onclick="window.location.href=
'forminfo.jsp'">
  </body>
</html>
```

(2) 在地址栏输入 URL,观察运行效果,体会 EL 表达式的用法,运行效果如图 9-3 所示。

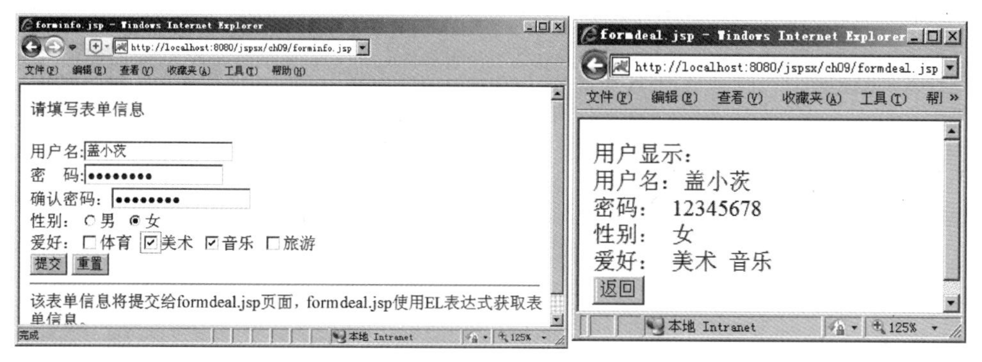

图 9-3 EL 表达式获取表单参数

(3) 参考下列投票示例,应用 EL 表达式显示投票结果编写一个简单的投票系统。

VoteServlet.java 参考代码如下所示。

```
package servlet;
import java.io.IOException;
import java.io.PrintWriter;
import java.util.*;
import javax.servlet.ServletContext;
import javax.servlet.ServletException;
import javax.servlet.http.HttpServlet;
import javax.servlet.http.HttpServletRequest;
import javax.servlet.http.HttpServletResponse;
public class VoteServlet extends HttpServlet {
    private static final long serialVersionUID = 1L;
    public void doPost(HttpServletRequest request, HttpServletResponse response)
            throws ServletException, IOException {
        request.setCharacterEncoding("UTF-8");                    //设置请求的编码方式
        String item = request.getParameter("item");               //获取投票项
        ServletContext servletContext = request.getSession().getServletContext();
        //获取 ServletContext 对象,该对象在 application 范围内有效
        Map map = null;
        if(servletContext.getAttribute("voteResult")!= null){
            map = (Map)servletContext.getAttribute("voteResult");//获取投票结果
            map.put(item,Integer.parseInt(map.get(item).toString()) + 1);//将当前的投票项加 1
        }else{//初始化一个保存投票信息的 Map 集合,并将选定投票项的投票数设置为 1,其他为 0
        //String[] arr = {"基础教程类","实例集锦类","经验技巧类","速查手册类","案例剖析类"};
            String[] arr = {"a","b","c","d","e"};
            map = new HashMap();
            for(int i = 0;i < arr.length;i++){
                if(item.equals(arr[i])){                          //判断是否为选定的投票项
                    map.put(arr[i], 1);
                }else{
                    map.put(arr[i], 0);
                }
            }
        }
        servletContext.setAttribute("voteResult", map);//保存投票结果到 ServletContext 对象中
        response.setContentType("text/html;charset = UTF-8");
        //设置响应的类型和编码方式,如果不设置弹出的对话框中的文字将乱码
        PrintWriter out = response.getWriter();
        out.println("<script>alert('投票成功!');window.location.href = './ch09/voteResult.
jsp';</script>");
    }
}
```

vote.jsp 参考代码如下所示。

```
<%@ page language = "java" contentType = "text/html; charset = UTF-8" pageEncoding = "UTF-8" %>
<!DOCTYPE HTML>
<html>
<head>
<meta charset = "utf-8">
<title>应用 EL 表达式显示投票结果</title>
<style>
```

```
ul{  list-style: none;}
li{  padding:5px;}
</style>
</head>
<body>
<h3>您最需要哪方面的图书?</h3>
<form name="form1" method="post" action="../VoteServlet.java">
<ul>
    <li><input name="item" type="radio" class="noborder" value="a" checked>基础教程类
</li>
    <li><input name="item" type="radio" class="noborder" value="b">实例集锦类 </li>
    <li><input name="item" type="radio" class="noborder" value="c">经验技巧类</li>
    <li><input name="item" type="radio" class="noborder" value="d">速查手册类</li>
    <li><input name="item" type="radio" class="noborder" value="e">案例剖析类</li>
    <li><input name="Submit" type="submit" class="btn_grey" value="投票">
        <input name="Submit2" type="button" class="btn_grey" value="查看投票结果"
              onClick="window.location.href='voteResult.jsp'"></li>
  </ul>
 </form>
</body>
</html>
```

voteResult.jsp参考代码如下所示。

```
<%@ page language="java" contentType="text/html; charset=UTF-8" pageEncoding="UTF-8" %>
<!DOCTYPE HTML>
<html>
  <head>
     <meta charset="utf-8">
     <title>显示投票结果页面</title>
    <style>
       ul{  list-style: none;}
       li{  padding:5px;}
    </style>
  </head>
<body>
<h3>您最需要哪方面的图书?</h3>
<ul>
  <li>基础教程类:  <img src="../img/bar.gif"
      width='${120*(applicationScope.voteResult["a"]/(applicationScope.voteResult["a"]+
                    applicationScope.voteResult["b"]+applicationScope.voteResult["c"]+
                    applicationScope.voteResult["d"]+applicationScope.voteResult["e"]))}'
height="13">
         ${null==applicationScope.voteResult.a?0:applicationScope.voteResult.a}</li>
  <li>实例集锦类:  <img src="../img/bar.gif"
      width='${120*(applicationScope.voteResult["b"]/(applicationScope.voteResult["a"]+
                    applicationScope.voteResult["b"]+applicationScope.voteResult["c"]+
                    applicationScope.voteResult["d"]+applicationScope.voteResult["e"]))}'
height="13">
        ${null==applicationScope.voteResult.b?0:applicationScope.voteResult.b}</li>
  <li>经验技巧类:  <img src="../img/bar.gif"
```

```
        width = '${120 * (applicationScope.voteResult["c"]/(applicationScope.voteResult["a"] +
                    applicationScope.voteResult["b"] + applicationScope.voteResult["c"] +
                    applicationScope.voteResult["d"] + applicationScope.voteResult["e"]))}'
height = "13">
        ${null == applicationScope.voteResult.c?0:applicationScope.voteResult.c}</li>
    <li>速查手册类:  <img src = "../img/bar.gif"
        width = '${120 * (applicationScope.voteResult["d"]/(applicationScope.voteResult["a"] +
                    applicationScope.voteResult["b"] + applicationScope.voteResult["c"] +
                    applicationScope. voteResult [ " d"] + applicationScope. voteResult
["e"]))}' height = "13">
        ${null == applicationScope.voteResult.d?0:applicationScope.voteResult.d}</li>
    <li>案例剖析类:  <img src = "../img/bar.gif"
        width = '${120 * (applicationScope.voteResult["e"]/(applicationScope.voteResult["a"] +
                    applicationScope.voteResult["b"] + applicationScope.voteResult["c"] +
                    applicationScope. voteResult [ " d"] + applicationScope. voteResult
["e"]))}' height = "13">
        ${null == applicationScope.voteResult.e?0:applicationScope.voteResult.e}</li>
    <li> 共有: ${applicationScope.voteResult.a + applicationScope.voteResult.b +
         applicationScope. voteResult. c + applicationScope. voteResult. d + applicationScope.
voteResult.e}人投票!
<hr><input  type = "button"  value = "返回"  onClick = "window.location.href = 'vote.jsp'">
</li>
</ul>
</body>
</html>
```

（4）运行使用EL表达式处理投票表单数据的示例程序，效果如图9-4所示。

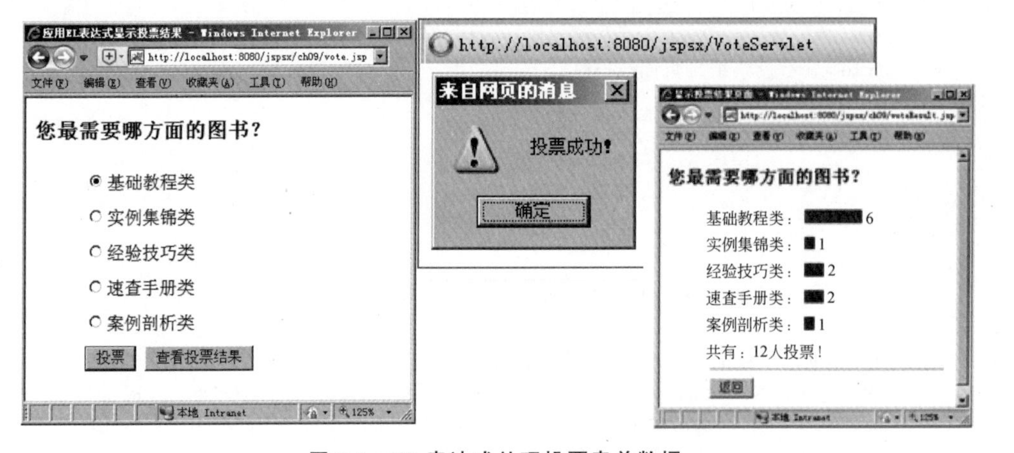

图9-4 EL表达式处理投票表单数据

第10章

JSP自定义标签

自定义标签是由用户定义的JSP语言元素。JSP支持用户自行创建新的自定义标签，以便提高开发效率。在JSP 2.0规范中引入Simple Tag Handlers来编写这些自定义标记，用户可以继承SimpleTagSupport类并重写doTag()方法来开发一个最简单的自定义标签。

实验10.1 自定义函数标签实验

【实验内容】

设计JSP自定义函数标签demo:add(param.x,param.y)，在JSP页面中调用该标签，实现两个整数的加法运算。

【实验步骤】

(1) 创建定义函数的类文件Compute.java，它定义在JSP中使用的add()方法。

Compute.java参考代码如下所示。

```
package tldfunc;
public class Compute {
    public static int add(String x,String y){
        int a = 0;
        int b = 0;
        try{
        a = Integer.parseInt(x);
        b = Integer.parseInt(y);
        }catch(Exception e){
        System.err.println("Number format is illegal.");
        }
        return a + b;
    }
}
```

(2) 在WEB-INF目录下创建标签库描述文件taglib.tld。它能够将每个Java方法与函数名相匹配。

taglib.tld 参考代码如下所示。

```
<?xml version = "1.0" encoding = "UTF - 8" ?>
< taglib xmlns = " http://java. sun. com/xml/ns/j2ee" xmlns: xsi = " http://www. w3. org/2001/
XMLSchema - instance"
  xsi: schemaLocation = " http://java. sun. com/xml/ns/j2ee  http://java. sun. com/xml/ns/j2ee/
web - jsptaglibrary_2_0. xsd"
version = "2.0">
  < description > A Simple Taglib File. </description >
  < tlib - version > 1.0 </tlib - version >
  < short - name > Simple_Tag_Library </short - name >
  < uri > http://www. ntu. com/function </uri >
  < function >
    < description > Adding two numbers </description >
    < name > add </name >
    < function - class > tldfunc. Compute </function - class >
    < function - signature >
       int add( java. lang. String, java. lang. String)
   </function - signature >
  </function >
</taglib >
```

(3) 编写 JSP 文件 tldsum.jsp，使用标签库 URI 及函数名调用 Java 函数。

tldsum.jsp 参考代码如下所示。

```
< % @ page contentType = "text/html;charset = utf - 8" % >
< % @ taglib prefix = "demo" uri = "http://www. ntu. com/function" % >
< html >
   < head >< title > Using Function </title ></head >
< body >
   < h3 >计算两个整数之和</h3 >< p >
  < form action = "tldsum. jsp" method = "post">
    X  =  < input type = "text" name = "x" size = "5" />
    Y  =  < input type = "text" name = "y" size = "5" />
    < input type = "submit" value = "计算">
  </form >
  < p >
    两个整数的和为: $ {demo:add(param. x, param. y)}
 </body >
</html >
```

(4) 运行程序，效果如图 10-1 所示。

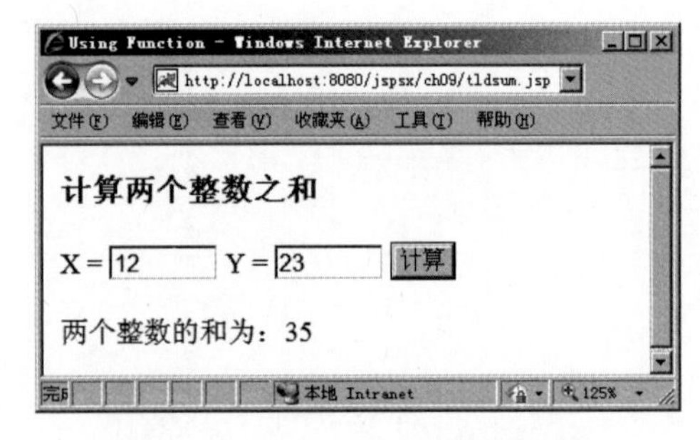

图 10-1 tldsum.jsp 页面运行效果

实验 10.2 自定义分页标签实验

【实验内容】

(1) 准备数据环境,采用 MySQL 数据库,数据库与配套教材中的网上书店数据库 books 一致。导入 JDBC 驱动 jar 包,导入 jstl.jar 包。

(2) 设计数据库访问工具类,包括 DBcon.java、Title.java、TitleDao.java、TitleDaoImpl.java。这些类请参考配套教材《JSP Web 技术及应用教程》中的源代码,这里从略。

(3) 设计 JSP 自定义分页标签并进行测试。

【实验步骤】

(1) 设计分页标签处理辅助类(JavaBean)。

创建标签处理类之前需要一个辅助的 JavaBean,用这个 JavaBean 存放有关分页每页的相关信息,如共有多少条记录、共有多少页、当前是第几页、每页有多少条记录等。

PageResult.java 的参考代码如下所示。

```
package tag;
import java.util.ArrayList;
import java.util.List;
public class PageResult<E> {
private List<E> list = new ArrayList<E>();                    //查询结果
private int pageNo = 1;                                        //实际页号
private int pageSize = 4;                                      //每页记录数
private int recTotal = 0;                                      //总记录数
public List getList() {return list;}
public void setList(List<E> list) {this.list = list;  }
public int getPageNo() {return pageNo;}
public void setPageNo(int pageNo) {this.pageNo = pageNo;}
public int getPageSize() {return pageSize;}
public void setPageSize(int pageSize) {this.pageSize = pageSize;}
public int getRecTotal() {return recTotal;}
public void setRecTotal(int recTotal) {this.recTotal = recTotal;}
public int getPageTotal() {                                    //根据记录数计算总的页数
    int ret = (this.getRecTotal() - 1) / this.getPageSize() + 1;
    ret = (ret<1)?1:ret;
    return ret;
}
public int getFirstRec()                                       //计算第一页的记录数
{  int ret = (this.getPageNo() - 1) * this.getPageSize();     //+ 1;
    ret = (ret < 1)?0:ret;
    return ret;  }
}
```

（2）设计分页标签处理类(JavaBean)。

PaginationTag.java 的参考代码如下所示。

```
package tag;
import javax.servlet.jsp.JspWriter;
import javax.servlet.jsp.tagext.TagSupport;
public class PaginationTag extends TagSupport {
private static final long serialVersionUID = -5904339614208817088L;
public int doEndTag() {
 try { PageResult pageResult = null;
pageResult = (PageResult) pageContext.getRequest().getAttribute("pageResult");
if (pageResult!= null){
StringBuffer sb = new StringBuffer();
   sb.append("<div style=\"text-align:right;padding:6px 6px 0 0;\">\r\n")
    .append("共" + pageResult.getRecTotal() + "条记录  \r\n")
    .ppend("每页显示<input name=\"pageResult.pageSize\" value=\"" + pageResult
    .getPageSize() + "\" size=\"3\" />条  \r\n")
    .append("第<input name=\"pageResult.pageNo\" value=\"" + pageResult.getPageNo() + "\
" size=\"3\" />页")
.append(" / 共" + pageResult.getPageTotal() + "页 \r\n")
.append("<a href=\"javascript:page_first();\">第一页</a> \r\n")
.append("<a href=\"javascript:page_pre();\">上一页</a>\r\n")
.append("<a href=\"javascript:page_next();\">下一页</a> \r\n")
.append("<a href=\"javascript:page_last();\">最后一页</a>\r\n")
.append("<input type=\"button\" onclick=\"javascript:page_go();\" value=\"转到\" />\r\n")
.append("<script>\r\n").append("  var pageTotal = " + pageResult.getPageTotal() + ";\r\n")
.append("var recTotal = " + pageResult.getRecTotal() + ";\r\n")
.append("</script>\r\n").append("</div>\r\n");
sb.append("<script>\r\n");
sb.append("function page_go()\r\n").append("{\r\n").append("page_validate();\r\n")
.append("document.forms[0].submit();\r\n").append("}\r\n")
.append("function page_first()\r\n").append("{\r\n")
.append("document.forms[0].elements[\"pageResult.pageNo\"].value = 1;\r\n")
.append("document.forms[0].submit();\r\n").append("}\r\n")
.append("function page_pre()\r\n")  .append("{\r\n")
.append("var pageNo = document.forms[0].elements[\"pageResult.pageNo\"].value;\r\n")
.append("document.forms[0].elements[\"pageResult.pageNo\"].value = parseInt(pageNo) - 1;\r\n")
.append("page_validate();\r\n")
.append("document.forms[0].submit();\r\n").append("}\r\n")
.append("function page_next()\r\n").append("{\r\n")
.append("var pageNo = document.forms[0].elements[\"pageResult.pageNo\"].value;\r\n")
.append("document.forms[0].elements[\"pageResult.pageNo\"].value = parseInt(pageNo) +  ;\r\n")
.append("page_validate();\r\n")
.append("document.forms[0].submit();\r\n").append("}\r\n")
.append("function page_last()\r\n").append("{\r\n")
.append("document.forms[0].elements[\"pageResult.pageNo\"].value = pageTotal;\r\n")
.append("document.forms[0].submit();\r\n").append("}\r\n")
.append("function page_validate()\r\n").append("{\r\n")
.append("var pageNo = document.forms[0].elements[\"pageResult.pageNo\"].value;\r\n")
.append("if (pageNo<1)pageNo = 1;\r\n")
```

```
.append("if (pageNo > pageTotal)pageNo = pageTotal;\r\n")
.append("document.forms[0].elements[\"pageResult.pageNo\"].value = pageNo;\r\n")
.append("var pageSize = document.forms[0].elements[\"pageResult.pageSize\"].value;\r\n")
.append("if (pageSize < 1)pageSize = 1;\r\n")
.append("document.forms[0].elements[\"pageResult.pageSize\"].value = pageSize;\r\n").
append("}\r\n")
.append("function order_by(field){\r\n")
.append("document.forms[0].elements[\"pageResult.orderBy\"].value = field;\r\n")
.append("page_first();\r\n").append("}\r\n");
sb.append("</script>\r\n");
JspWriter out = pageContext.getOut();
out.println(sb.toString());}
} catch (Exception e) {  }
return EVAL_PAGE;
}
}
```

PageinationTag 标签处理类继承了 TagSupport 类，而 pageContext 属性是在 TagSupport 类中定义的，所以在类中可以直接使用这个对象。

在标签处理类 PageinationTag 中，有如下语句。

```
pageResult = (PageResult) pageContext.getRequest().getAttribute("pageResult");
```

pageContext 是上文对象，通过这个对象可以获取封装在请求对象中的信息（即 pageResult 对象）。这个 pageResult 对象是在 ToViewBook 的 Servlet 保存在 request 对象中的。只要得到 pageResult 对象，就可以获得有关分页的所有信息。在标签类中大部分代码是打印 HTML 页面，同时将分页的相关信息写进 HTML 中。在使用这个标签类时要注意，标签一定要放在一个表单(form)中。因为在单击“上一页”或“下一页”的链接时实际上是提交一个请求，这个请求提交给所在 form 的 action 所指向的服务器处理程序。为了节省篇幅这里没有给出全部的代码，其余代码可查看源程序。

在 PageinationTag 标签处理类中没有标签体，所以只需要重写 doEndTag()或 doStartTage()方法就可以，标签处理代码是写在 doEndTag()方法中的。

(3) 创建分页标签库描述文件 page-common.tld。

标签库描述文件对标签处理类和标签建立映射关系，这样在 JSP 页面中只要引入标签库，就可以使用标签库中声明的所有标签。

page-common.tld 参考代码如下所示。

```
<?xml version = "1.0" encoding = "UTF-8"?>
<!DOCTYPE taglib
  PUBLIC "-//Sun Microsystems,Inc.//DTD JSP Tag Library 1.2//EN"
   "http://java.sun.com/dtd/web-jsptaglibrary_1_2.dtd">
<taglib xmlns = "http://java.sun.com/JSP/TagLibraryDescriptor">
  <tlib-version>1.2</tlib-version>
  <jsp-version>1.2</jsp-version>
  <short-name>common</short-name>
  <tag>
    <name>pager</name>
```

```
        <tag-class>tag.PageinationTag</tag-class>
        <body-content>empty</body-content>
    </tag>
</taglib>
```

在标签库中只定义了一个标签 pager，对应的处理类为 tag 包中的 PageinationTag 类，标签没有标签体。标签库文件保存在了 WEN-INF 目录下。

(4) 设计一个处理请求的 Servlet(ToViewBooks.java)，在 Servlet 中接收页面传递的请求参数，请求参数包括当前要显示第几页及每页的记录数。然后创建 PageResult 类的实例，将分页的相关信息封装在该实例对象中，再将这个对象保存在 request 中，并转发给 viewBookByPageTag.jsp 进行显示。

ToViewBooks.java 参考代码如下所示。

```
package tag;
import java.io.IOException;
import java.util.List;
import javax.servlet.ServletException;
import javax.servlet.http.HttpServlet;
import javax.servlet.http.HttpServletRequest;
import javax.servlet.http.HttpServletResponse;
import bean.TitleDao;
import bean.TitleDaoImpl;
public class ToViewBooks extends HttpServlet {
public ToViewBooks() {   super();}
public void destroy() {super.destroy();   }
public void doGet(HttpServletRequest request, HttpServletResponse response)
        throws ServletException, IOException {
    doPost(request,response);
}
public void doPost(HttpServletRequest request, HttpServletResponse response)
        throws ServletException, IOException {
    PageResult pageResult = new PageResult();
    TitleDao dao = new TitleDaoImpl();
    List list = dao.getTitles();                              //得到图书列表
    int pageSize = pageResult.getPageSize();                  //每页显示的记录数
    int pageNo;                                               //当前页号
    if(request.getParameter("pageResult.pageNo")!= null){
    pageNo = Integer.parseInt(request.getParameter("pageResult.pageNo"));
                                                              //从请求中获取当前页号
    }
    else
        pageNo = pageResult.getPageNo();                      //采用默认的页号
    if(request.getParameter("pageResult.pageSize")!= null)
      //获取请求中每页显示的记录数
pageSize = Integer.parseInt(request.getParameter("pageResult.pageSize"));
    int len = list.size();
    len = len >(pageNo) * pageSize?(pageNo) * pageSize:len;   //显示当前页时的记录数
//将第 pageNo 页的数据从 list 中复制到 list1 数组中
    List list1 = list.subList((pageNo - 1) * pageSize, len);
```

```
        //将要显示的当前页的数据,当前页数,总记录数保存在 pageResult 对象中
        pageResult.setList(list1);
        pageResult.setPageNo(pageNo);
        pageResult.setRecTotal(list.size());
        pageResult.setPageSize(pageSize);
        request.setAttribute("pageResult",pageResult);
        request.getRequestDispatcher("/test/viewBookByPageTag.jsp").forward(request,response);
    }
    public void init() throws ServletException {
    }
    }
```

上面代码将 pageResult 对象保存在 request 中,然后转发到 viewBookByPageTag.jsp 页面。

(5) 设计测试页面 viewBookByPageTag.jsp,应用自定义分页标签显示图书信息。

viewBookByPageTag.jsp 的参考代码如下所示。

```
<%@ page language = "java" contentType = "text/html; charset = utf - 8"pageEncoding = "utf -
8" %>
    <%@ taglib uri = "http://java.sun.com/jsp/jstl/core" prefix = "c" %>
    <%@ taglib uri = "/WEB - INF/page - common.tld" prefix = "page" %>
<html>
<head>
<title>图书列表</title>
</head>
<body><h1 align = "center">浏览图书</h1>
<form action = "./ToViewBooks">
 <table align = "center" bgcolor = lightgrey width = "800">
<tr><td> ISBN </td><td>书名</td><td>版本</td><td>发布时间</td><td>价格</td>
</tr>
<c:forEach var = "titles" items = " ${requestScope.pageResult.list}" >
   <tr  bgcolor = cyan><td><a href = "./ToViewTitle?isbn = ${titles.isbn }" title = "单击显
示详细信息">
       ${titles.isbn}</a></td>
      <td>${titles.title}</td>
      <td>${titles.editionNumber}</td>
      <td>${titles.copyright}</td>
      <td>${titles.price} </td>
      </tr>
   </c:forEach>
</table>
<table align = "center">
<tr><td><page:pager/></td></tr>
 </table>
  </form>
</body>
</html>
```

viewBookByPageTag.jsp 页面利用 EL 表达式直接从 request 对象中取得了要显示的记录集合。为了使用自定义分页标签,要首先导入自定义的分页标签库,代码如下所示。

```
<%@ taglib uri="/WEB-INF/page-common.tld" prefix="page" %>
```

这行命令将前面自定义的分页标签库导入当前页面，同时定义标记前缀为 page。页面中的<page:pager/>命令就是调用了标签库中定义的 pager 标签，输出自定义标签的分页功能。

由于这里采用的是 JSP 2.0 版本，所以本例不用在 web.xml 中声明 tld 文件。

(6) 在浏览器的地址栏中输入 URL，请求 viewBookByPageTag.jsp 页面，观察显示效果，如图 10-2 所示。

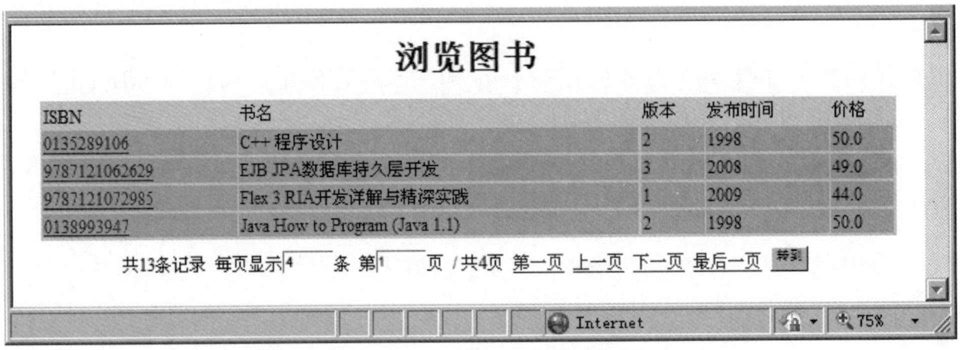

浏览图书

ISBN	书名	版本	发布时间	价格
0135289106	C++程序设计	2	1998	50.0
9787121062629	EJB JPA数据库持久层开发	3	2008	49.0
9787121072985	Flex 3 RIA开发详解与精深实践	1	2009	44.0
0138993947	Java How to Program (Java 1.1)	2	1998	50.0

共13条记录 每页显示 4 条 第 1 页 /共4页 第一页 上一页 下一页 最后一页 转到

Internet 75%

图 10-2 ToViewBooks 分页效果

在这个页面中，当单击翻页链接时，实际上是将访问请求提交给了 ToViewBooks 类，在这个 Servlet 中重新获取页面的相关数据并进行处理，并将处理结果保存在 request 对象中，然后再转发到 viewBookByPageTag.jsp 页面，最终实现翻页功能。

第11章

项 目 实 训

本章提供了几个典型且实用的、规模大小不等的实训项目，巩固和掌握这些典型应用可以为综合性项目开发积累经验。通过完成这些项目实训，可为应用 JSP Web 技术解决实际应用打下良好基础。

项目实训 1　学生信息管理系统

【实训任务】

设计一个典型的班级学生信息管理系统。学生名单由后台导入数据库，学生信息及个人照片由学生自己填写、上传。学生可在已有项目的基础进一步完善项目功能。在本项目中，为了避免项目重新发布会清空学生已经上传的照片文件，可以将学生上传照片文件的保存路径提升一级，放至 Web 服务器的根路径下。因此，要求在 Tomacat 服务器的 webapps 目录下新建保存学生上传照片的目录 photo_stuinfo。

【开发工具】

开发平台 MyEclipse、Web 服务器发布软件 Tomacat、数据库 MySQL。

【设计步骤】

(1) 数据库设计。数据库名称为 student，学生信息表 stuinfo 的结构如图 11-1 所示。

(2) 设计数据库连接类 DBcon. java。

该类主要提供获取数据库连接对象的方法 public static Connection getConnection()，在设计时需要注意检查数据库名、数据库用户名和数据库登录密码是否正确。

DBcon. java 参考代码如下所示。

```
package bean;
import java.sql.Connection;
```

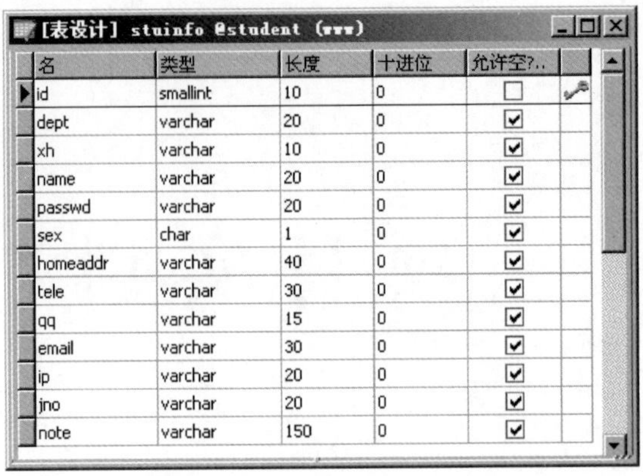

[表设计] stuinfo @student (www)

名	类型	长度	十进位	允许空?..
id	smallint	10	0	☐
dept	varchar	20	0	☑
xh	varchar	10	0	☑
name	varchar	20	0	☑
passwd	varchar	20	0	☑
sex	char	1	0	☑
homeaddr	varchar	40	0	☑
tele	varchar	30	0	☑
qq	varchar	15	0	☑
email	varchar	30	0	☑
ip	varchar	20	0	☑
jno	varchar	20	0	☑
note	varchar	150	0	☑

图 11-1　学生信息管理系统的 stuinfo 表结构

```
import java.sql.DriverManager;
import java.sql.PreparedStatement;
import java.sql.ResultSet;
import java.sql.SQLException;
public class DBcon {
    private static final String DRIVER_CLASS = "com.mysql.jdbc.Driver";
    private static final String DATABASE_URL =
        "jdbc:mysql://localhost:3306/student?useUnicode = true&characterEncoding = utf - 8";
    private static final String DATABASE_USRE = "root";
    private static final String DATABASE_PASSWORD = "123";
    //返回连接
    public static Connection getConnection(){
        Connection dbConnection = null;
        try {
            Class.forName(DRIVER_CLASS);
            dbConnection = DriverManager.getConnection(DATABASE_URL,
                    DATABASE_USRE, DATABASE_PASSWORD);
        } catch (Exception e) {
            e.printStackTrace();
        }
        return dbConnection;
    }
}
```

(3) 设计处理上传照片的 Servlet 类 FileUpload.java。

该程序设计思路：首先从 session 中获取登录时存放的学号，为保存照片文件名做准备；然后获取上传的照片文件，检查文件名及文件大小是否符合规定。需要注意的是，上传文件的路径应该设定在 Web 服务器的根路径下，而不宜放在项目自身的 WEB ROOT 下，否则，当项目重新发布时，编译器会清除已上传的照片文件。为了方便管理，可以将上传的照片文件统一按学生的学号重新命名。

FileUpload.java 参考代码如下所示。

```
package servlet;
import java.io.IOException;
```

```
import java.io.PrintWriter;
import java.io.File;
import java.util.Iterator;
import javax.servlet.ServletException;
import javax.servlet.http.HttpServlet;
import javax.servlet.http.HttpServletRequest;
import javax.servlet.http.HttpServletResponse;
import org.apache.commons.fileupload.FileItem;
import org.apache.commons.fileupload.FileItemFactory;
import org.apache.commons.fileupload.disk.DiskFileItemFactory;
import org.apache.commons.fileupload.servlet.ServletFileUpload;
public class FileUpload extends HttpServlet {
public FileUpload() {
        super();  }
public void destroy() {
        super.destroy();   }
public void doGet(HttpServletRequest request, HttpServletResponse response)
            throws ServletException, IOException {
        doPost(request,response);  }
public void doPost(HttpServletRequest request, HttpServletResponse response)
            throws ServletException, IOException {
    request.setCharacterEncoding("gb2312");
    response.setContentType("text/html;charset = gb2312");
    PrintWriter out = response.getWriter();
    String xh = (String)request.getSession().getAttribute("xh");
    //拿到登录时存放的学号,为保存照片时重新命名照片文件名做准备
    boolean isMultipart = ServletFileUpload.isMultipartContent(request);
     if(isMultipart){
       FileItemFactory factory = new DiskFileItemFactory();
       ServletFileUpload upload = new ServletFileUpload(factory);
       Iterator items;
        try{
         items = upload.parseRequest(request).iterator();
           while(items.hasNext()){
             FileItem item = (FileItem) items.next();
              if (!item.isFormField()){
                 float size = item.getSize()/1024.0f;        //获取上传的文件大小(KB)
                  //取出上传文件的文件名称及文件类型
                String name = item.getName();
                String fileType = name.substring(name.lastIndexOf('.') + 1,name.length());
              if(100 < size || !fileType.equals("jpg")){
                 out.print("<font size = '4' color = 'red'>你上传的文件类型或大小不符合要
求!</font><p>");
                 out.print("你上传的文件是: " + name + "," + size + "KB<hr>");
                 out.print("<a href = 'uploadfile.jsp'>返回上传页面</a>"); }
               else{
                  String fileName = name.substring(name.lastIndexOf('\\') + 1,name.length());
                   //上传文件
                  String ctxpath = this.getServletContext().getRealPath("");//项目的物理路径
                  String photopath = ctxpath.substring(0,ctxpath.lastIndexOf("\\")) + "\\
photo_stuinfo";
```

```
                    File uploadedFile = new File(photopath,xh + ".jpg");
                    item.write(uploadedFile);
                     //打印上传成功信息
                    response.setContentType("text/html");
                    response.setCharacterEncoding("gb2312");
                    out.print("<font size = '4'> 恭喜你,照片文件上传成功!<p>");
                    out.print("<font size = '2'> 你上传的文件是: " + name + "<p>");
                    out.print("在服务器上保存的位置是:" + photopath + "<p>");
                    out.print("在服务器上保存的照片文件名统一以学号命名为:" + xh + ".jpg
<font><p>");
                    out.print("<a href = 'uploadfile.jsp'>返回上传页面</a>");
                    //<a href = "uploadfile.jsp">返回上传页面</a>
                  } } }
             }catch(Exception e){ e.printStackTrace();
             }}}
    public void init() throws ServletException {}
}
```

(4) 设计主页文件 index.html。

index.html 参考代码如下所示。

```
<html>
<head>
<title>JSP Web 项目实训</title>
</head>
    <frameset rows = "200, * " border = 0>
    <frame align = center SRC = img/ntu2.gif NAME = f_top FRAMEBORDER = 0 SCROLLING = AUTO
NORESIZE = "TURE">
    <frameset cols = "20 % , * " border = 0>
        <frame SRC = left.jsp NAME = f_left FRAMEBORDER = 1 SCROLLING = auto>
        <frame SRC = main.html NAME = f_main FRAMEBORDER = 0 SCROLLING = auto>
    </frameset>
    </frameset>
</html>
```

(5) 设计导航文件 left.jsp。

left.jsp 参考代码如下所示。

```
<%@ page language = "java" import = "java.util. * " pageEncoding = "utf - 8" %>
<html>
<body>
<form action = "logincheck.jsp" method = post target = f_main>
    学号: <input type = text name = xh width = 5><br>
    机号: <input type = text name = jno><br>
      <input type = submit value = "登录" >
</form><hr>
<a href = showip.jsp target = f_main>全部学生</a><br><br>
<a href = main.html target = f_main>查看说明</a><br><br>
<a href = uploadfile.jsp target = _blank>上传个人照片</a><br><br>
<a href = infoupdate.jsp target = _blank>编辑个人信息</a><br><br>
</body>
```

```
</html>
```

(6) 设计默认主窗口文件 main.html。

main.html 参考代码如下所示。

```
<html>
<body>
  <font size = 4>
  说明:<p>
      请在左边输入自己的学号和机号登录。<p>
      登录后将会自动地将你的 IP 传送至服务器中。<p>
      虚拟路径必须为: aa ; 入口文件必须是: main.html; 链接进入自己的系统<p>
      自动生成的访问路径是: 你的 ip 地址:8080/aa/main.html<p>
  </font>
</body>
</html>
```

(7) 运行系统首页 index.html,效果如图 11-2 所示。

图 11-2 系统 index.html 首页效果

(8) 设计显示全部显示信息文件 showip.jsp。

showip.jsp 参考代码如下所示。

```
<%@ page contentType = "text/html; charset = utf-8" %>
<%@ page import = "java.sql.*" %>
<jsp:useBean id = "db" scope = "session" class = "bean.DBcon"/>
```

```
<html>
<head>
    <title>显示全部信息</title>
</head>
<body>
<! -- 处理是否存在照片文件,如果没有,则使用默认的照片 -->
<font size = "5" color = "blue">
当前用户:<% = session.getAttribute("name") %> 学号:<% = session.getAttribute("xh") %><p>
</font>
<%                                              //photopath 为上传照片文件路径
    String ctxpath = this.getServletContext().getRealPath("");  //项目的物理路径
    String photopath = ctxpath.substring(0,ctxpath.lastIndexOf("\\")) + "\\photo_stuinfo\\";
    String xh = (String)session.getAttribute("xh");     //拿到登录时保存在 session 中的学号
 %>
<b>全部同学简要信息
   <% request.setCharacterEncoding("utf - 8");
    Connection con = db.getConnection();
    Statement stmt = con.createStatement();
    ResultSet rs = stmt.executeQuery("select * from stuinfo");
%>
    <table  bgcolor = black >
    <tr  bgcolor = yellow >
    <td><b><div><center>照片</center></div></b></td>
    <td><b><div><center>学号</center></div></b></td>
    <td><b><div><center>姓名</center></div></b></td>
    <td><b><div><center>性别</center></div></b></td>
    <td><b><div><center>班级</center></div></b></td>
    <td><b><div><center> IP </center></div></b></td>
    <td><b><div><center>链接</center></div></b></td>
    <td><b><div><center>机号</center></div></b></td>
    </tr>
<%
    String ls = null;
    while (rs.next())
    { ls = "<a href = http://" + rs.getString("ip") + ":8080/aa/main.html target = _blank>浏览
</a>";
 %>
    <tr bgcolor = cyan>
    <td><b><div><center><img src = /photo_stuinfo/<% = rs.getString("xh") %>.jpg
                                     alt = '<% = rs.getString("xh") %>.jpg'
                                     width = "90" height = "100"></center></div></b></td>
    <td><b><div><center><% = rs.getString("xh") %></center></div></b></td>
    <td><b><div><center><% = rs.getString("name") %></center></div></b></td>
    <td><b><div><center><% = rs.getString("sex") %></center></div></b></td>
    <td><b><div><center><% = rs.getString("dept") %></center></div></b></td>
    <td><b><div><center><% = rs.getString("ip") %></center></div></b></td>
    <td><b><div><center><% = ls %></center></div></b></td>
    <td><b><div><center><% = rs.getString("jno") %></center></div></b></td>
    </tr>
<%  }%>
```

```
    </table><br>
<% rs.close();
    con.close();
    stmt.close();
 %>  </b>
</body>
</html>
```

(9) 运行显示全部学生的信息列表 showip.jsp，效果如图 11-3 所示。

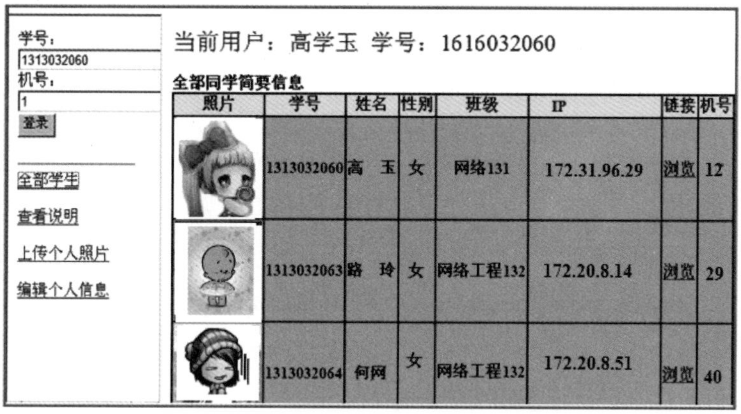

学号：1313032060
机号：1
登录
全部学生
查看说明
上传个人照片
编辑个人信息

当前用户：高学玉 学号：1616032060

全部同学简要信息

照片	学号	姓名	性别	班级	IP	链接	机号
	1313032060	高　玉	女	网络131	172.31.96.29	浏览	12
	1313032063	路　玲	女	网络工程132	172.20.8.14	浏览	29
	1313032064	何网	女	网络工程132	172.20.8.51	浏览	40

图 11-3　全部显示信息列表 showip.jsp 运行效果

(10) 设计登录验证处理页面 logincheck.jsp。

该文件设计思路：到数据库查看表单提交过来的学号是否存在，如验证通过则将学号和姓名存入 session 中。保存用户的 IP 地址的目的是生成“浏览”用户项目的超链接。

logincheck.jsp 参考代码如下所示。

```
<%@ page language = "java" import = "java.util. * " pageEncoding = "UTF - 8" %>
<%@ page import = "java.sql. * " %>
<jsp:useBean id = "db" scope = "request" class = "bean.DBcon"/>
<html>
 <body>
<%
    Connection con = db.getConnection();
    Statement stmt = con.createStatement();
    ResultSet rs = stmt.executeQuery("select * from stuinfo" + " where xh = '" + request.
getParameter("xh") + "'");
    if(!rs.next())
    {
%>
        <b><font size = 5 color = red>
        遗憾!<p>数据库中没有 [ <% = request.getParameter("txt") %> ] 这个学号。
        </font></b>
  <%  }
    else  {
     session.setAttribute("xh",request.getParameter("xh"));
     session.setAttribute("name",rs.getString("name"));
```

```
%>
  <center>
  <b><font size=5 color=blue><% = rs.getString("name") %>同学,祝贺你登录成功!
  <hr><br></font>
  <p></p>你的登录学号是:<font size=4 color=blue><% = request.getParameter("txt")
%><br>
  <p></p>你的实际 IP 地址是:<font size=4 color=blue><% = request.getRemoteAddr()
%><br>
  </font>
   </b></center>
 <%
 //写入 IP
  String strupd;                                    //更新数据库记录的 SQL 语句
  String jno=request.getParameter("jno");
  strupd = "update stuinfo set ip="+"'"+request.getRemoteAddr()+"',"+" jno='"+jno+"'"+
" where xh = '";
  strupd += request.getParameter("xh") + "'";
  stmt.executeUpdate(strupd);
  }
    rs.close();
    con.close();
    stmt.close();
   %>
 </body>
</html>
```

(11) 设计用户信息更新表单录入页面 infoupdate.jsp,该页面表单中的学号和姓名字段应设为“只读”。

infoupdate.jsp 参考代码如下所示。

```
<%@ page language="java" import="java.util.*" pageEncoding="utf-8"%>
<%@ page import="java.sql.*" %>
<jsp:useBean id="db" scope="request" class="bean.DBcon"/>
<html>
  <head>
    <title>My JSP 'infoupdate.jsp' starting page</title>
  </head>
  <body>
  <%
     if(null==session.getAttribute("xh")){
        out.print("您尚未登录,请登录!");
       }
     else
       {
        request.setCharacterEncoding("utf-8");
        Connection con=db.getConnection();
        Statement stmt=con.createStatement();
        String sql="select * from stuinfo where xh='"+session.getAttribute("xh")+"'";
         ResultSet rs = stmt.executeQuery("select * from stuinfo where xh = '" + session.
getAttribute("xh")+"'");
        rs.next();
  %>
```

```
        当前用户学号:<% = session.getAttribute("xh") %>
                姓名:<% = session.getAttribute("name") %><br>
<form action = "infosave.jsp"  method = "post">
<table border = "1">
<tr><td>学号 </td><td><input type = text name = xh value = <% = rs.getString("xh") %>
                               readonly = "readonly"></td></tr>
<tr><td>姓名 </td><td><input type = text name = name value = <% = rs.getString("name") %>
                               readonly = "readonly"></td></tr>
  <tr><td>班级 </td><td><input type = text name = dept value = <% = rs.getString("dept")
%>></td></tr>
  <tr><td>密码 </td><td><input type = "password" name = passwd value = <% = rs.getString
("passwd") %>></td></tr>
  <tr><td>性别 </td><td><input type = text name = sex value = <% = rs.getString("sex")
%>></td></tr>
  <tr><td>家庭住址 </td><td><input type = text name = homeaddr value = <% = rs.getString
("homeaddr") %>></td></tr>
  <tr><td>联系电话</td><td><input type = text name = tele value = <% = rs.getString
("tele") %>></td></tr>
  <tr><td>QQ </td><td><input type = text name = qq value = <% = rs.getString("qq") %>>
</td></tr>
  <tr><td>邮箱 </td><td><input type = text name = email value = <% = rs.getString
("email") %>></td></tr>
  <tr><td>备注 </td><td><input type = text name = note value = <% = rs.getString("note")
%>></td></tr>
  <tr><td colspan = 2><input type = submit value = "保存 " ></td></tr>
</table></form>
<%
     }
  %>
  </body>
</html>
```

个人信息填写表单如图 11-4 所示。

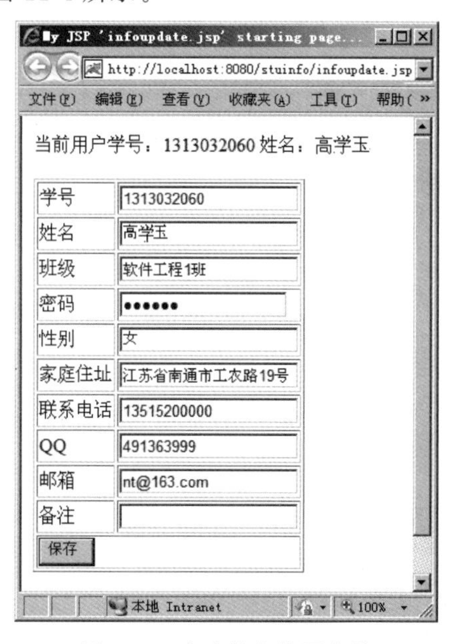

图 11-4　个人信息填写表单

(12) 设计保存用户信息的页面 infosave.jsp。

infosave.jsp 参考代码如下所示。

```
<%@ page language="java" import="java.util.*" pageEncoding="utf-8" %>
<%@ page import="java.sql.*" %>
<jsp:useBean id="db" scope="request" class="bean.DBcon"/>
<html>
  <head>
    <title>My JSP 'infosave.jsp' starting page</title>
  </head>
  <body>
<%
    request.setCharacterEncoding("utf-8");
    Connection con = db.getConnection();
    Statement stmt = con.createStatement();
     //写入
    String strupd;                                   //更新语句 OK
      strupd = "update stuinfo set dept=" + "'" + request.getParameter("dept") + "',";
      strupd += " passwd='" + request.getParameter("passwd") + "',";
      strupd += " sex='" + request.getParameter("sex") + "',";
      strupd += " homeaddr='" + request.getParameter("homeaddr") + "',";
      strupd += " tele='" + request.getParameter("tele") + "',";
      strupd += " qq='" + request.getParameter("qq") + "',";
      strupd += " email='" + request.getParameter("email") + "',";
      strupd += " note='" + request.getParameter("note") + "'";
      strupd += " where xh = '" + request.getParameter("xh") + "'";
    stmt.executeUpdate(strupd);
    con.close();
    stmt.close();
    out.print("保存成功!");
%>
    <p><a href=index.html>返回主页</a>
  </body>
</html>
```

(13) 设计上传用户个人照片的页面 uploadfile.jsp。

uploadfile.jsp 参考代码如下。

```
<%@ page language="java" contentType = "text/html;charset=gb2312" %>
<html>
  <head>
      <title>文件上传</title>
  </head>
<body bgcolor="#FFFFFF" text="#000000" leftmargin="0" topmargin="40" marginwidth=
"0" marginheight="0">
<%
 if(null == session.getAttribute("xh")){
    out.print("您尚未登录,请先登录!");
   }
 else
   {
```

```
  %>
<center>
   <h2><% = session.getAttribute("name") %>,您好!请上传您的个人照片</h2>
  <form  method = "post"  action = "FileUpload"  ENCTYPE = "multipart/form - data">
      <table border = "3" width = "550" cellpadding = "4" cellspacing = "2" bordercolor = "#9BD7FF">
       <tr><td>当前登录用户:</td><td align = "center"><font size = "4" color = "blue">
        学号: <% = session.getAttribute("xh") %> 姓名: <% = session.getAttribute("name") %>
       </font></td></tr>
       <tr><td>请选择照片文件: </td><td><input name = "file1" size = "40" type = "file">
</td></tr>
       <tr><td align = "center" colspan = 2><font size = "3" color = "red">
      请注意: 照片文件必须小于 100KB,且为 jpg 格式。</font></td></tr>
      <tr><td align = "center" colspan = 2><input type = "submit" name = "submit" value = "开
始上传"/></td></tr>
   </table>
  </form>
  </center>
<% } %>
</body>
</html>
```

上传用户个人照片的 uploadfile.jsp 运行效果如图 11-5 所示。

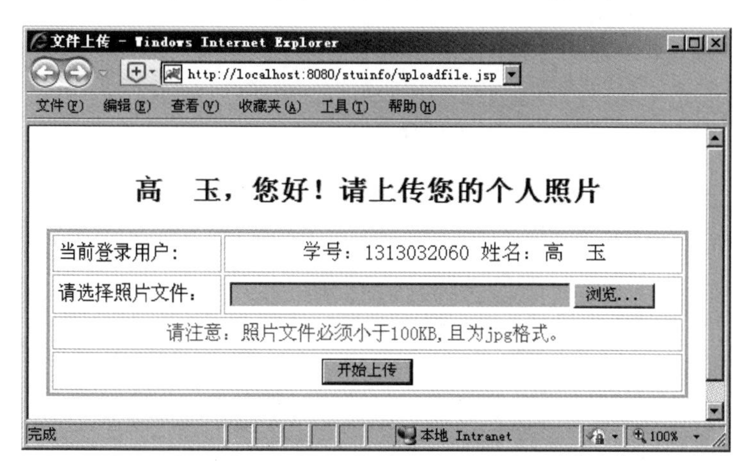

图 11-5　上传照片文件表单

项目实训 2　使用 JXL 操作 Excel 文件

【实验内容】

设计一个运用 JXL 组件读取 Excel 文件的 JSP 应用项目,主要内容是将 Excel 表中的学生名单信息读入数据库中。JXL 是 Java Excel 的缩写,它是一个用 Java 代码读写 Excel 文档的工具类,简单易用。

项目需要设计的文件及其功能说明如表 11-1 所示。

表 11-1 项目文件及其功能列表

文件位置与名称	文 件 功 能
src/bean/DBcon. java	访问数据库的工具类(JavaBean)
src/bean/Stu_xls. java	学生实体类(JavaBean),由于封装实体信息
src/util/ExcelManage. java	处理 Excel 的工具类,提供如下方法: List ReadExcel(File f_xls)、void showxls(List stulist)、void SaveToDB(List stulist)
src/servlet/ExcelUploadServlet. java	接收浏览器传来的 XLS 文件,并将数据保存到服务器上;调用 ExcelManage 类的 ReadExcel()方法,读取 Excel 单元格;调用 ExcelManage 类的 SaveToDB()方法,将 Excel 数据存入数据库
Web 项目路径/ch11/jxl/readexcel. jsp	用户上传 Excel 文件的界面
Web 项目路径/ch11/jxl/reslist. jsp	上传结果的界面
需要导入的 JAR 包: jxl. jar(用来读取 Excel 数据)、jspsmartupload. jar(用于获取上传的文件)、mysql-connector-java-5. 1. 5-bin. jar(JDBC 驱动)	

【设计步骤】

(1) 创建项目,导入相应的 JAR 包(jxl. jar、jspsmartupload. jar、mysql-connector-java-5. 1. 5-bin. jar 等)。

(2) 准备要导入的 Excel 文件,文件"学生名单. xls"示例内容如图 11-6 所示。

学号	姓名	性别	班级	类别	专业
jsj0000001	张小丽	女	JSJ001	工科	计算机科学与技术
jsj0000002	朱金兰	女	JSJ001	工科	计算机科学与技术
jsj0000003	陈怡清	男	JSJ002	工科	网络工程
jsj0000004	李晓燕	女	JSJ002	工科	网络工程
jsj0000005	李芳	男	JSJ003	工科	物联网工程
jsj0000006	曹丽	女	JSJ003	工科	物联网工程
jsj0000007	顾金春	男	JSJ004	工科	软件工程
jsj0000008	张严莉	女	JSJ004	工科	软件工程
jsj0000009	武点静	男	JSJ004	工科	软件工程
jsj0000010	王雨浩	女	JSJ004	工科	软件工程

图 11-6 即将导入数据库的 Excel 表

(3) 创建数据库,数据库中学生表为 stu_jxl,表结构如图 11-7 所示。

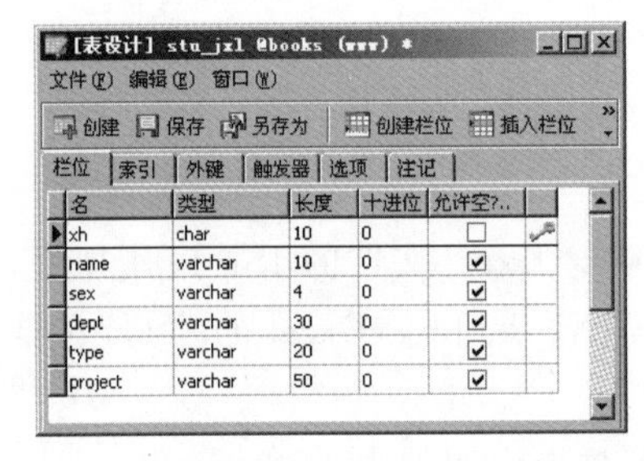

名	类型	长度	十进位	允许空?..
xh	char	10	0	☐
name	varchar	10	0	☑
sex	varchar	4	0	☑
dept	varchar	30	0	☑
type	varchar	20	0	☑
project	varchar	50	0	☑

图 11-7 数据库中学生表 stu_jxl 结构

(4) 设计实体类(JavaBean),用于封装实体信息。

Stu_xls.java 参考代码如下所示。

```
package bean;
public class Stu_xls {
private String xh;
private String name;
private String sex;
private String dept;
private String type;
private String project;
public String getSex() {   return sex;   }
public void setSex(String sex) {this.sex = sex;   }
public String getXh() {return xh;   }
public void setXh(String xh) {this.xh = xh;   }
public String getName() {return name;   }
public void setName(String name) {this.name = name;   }
public String getDept() {   return dept;   }
public void setDept(String dept) {   this.dept = dept;}
public String getType() {return type;}
public void setType(String type) {   this.type = type;}
public String getProject() {return project;}
public void setProject(String project) {this.project = project;}
}
```

(5) 设计访问数据库的工具类(JavaBean),用于连接数据库。

DBcon.java 参考代码如下所示。

```
package bean;
import java.sql.Connection;
import java.sql.DriverManager;
import java.sql.PreparedStatement;
import java.sql.ResultSet;
import java.sql.SQLException;
public class DBcon {
private static final String DRIVER_CLASS = "com.mysql.jdbc.Driver";
private static final String DATABASE_URL =
    "jdbc:mysql://localhost:3306/books?useUnicode = true&characterEncoding = utf - 8";
private static final String DATABASE_USRE = "root";
private static final String DATABASE_PASSWORD = "123";
public static Connection getConnection() {                         //返回连接
    Connection dbConnection = null;
    try {
        Class.forName(DRIVER_CLASS);
        dbConnection = DriverManager.getConnection(DATABASE_URL,
                DATABASE_USRE, DATABASE_PASSWORD);}
    catch (Exception e) {e.printStackTrace();   }
    return dbConnection;}
public static void closeConnection(Connection dbConnection) {      //关闭连接
    try {
        if (dbConnection != null && (!dbConnection.isClosed())) {   dbConnection.close();}
```

```
        } catch (SQLException sqlEx) {sqlEx.printStackTrace();}
    }
    public static void closeResultSet(ResultSet res) {                //关闭结果集
        try {   if (res != null) {
                    res.close();
                    res = null;
                }
        } catch (SQLException e) {e.printStackTrace();}
    }
    public static void closeStatement(PreparedStatement pStatement) {
        try {
            if (pStatement != null) {
                pStatement.close();
                pStatement = null;
            }
        } catch (SQLException e) {e.printStackTrace();}
    }
    }
```

（6）设计处理 Excel 的工具类 ExcelManage.java，该类提供如下方法。

List ReadExcel(File f_xls)：从给定的 Excel 文件中读取单元格，将之封装为实体对象，并存入 List 集合类容器中。

void showxls(List stulist)：供调试时使用，将保存在 List 的 Excel 内容显示在控制台上。

void SaveToDB(List stulist)：将已经由 ReadExcel()方法读取并保存在 List 的 Excel 内容存入数据库。

ExcelManage.java 参考代码如下所示。

```
package util;
import java.io.File;
import java.io.IOException;
import java.sql.Connection;
import java.sql.PreparedStatement;
import java.sql.SQLException;
import java.util.ArrayList;
import java.util.List;
import jxl.Cell;
import jxl.Sheet;
import jxl.Workbook;
import jxl.read.biff.BiffException;
import bean.DBcon;
import bean.Stu_xls;
public class ExcelManage {
/*** 从表 stu.xls 中读取内容保存到 List 中 */
public List ReadExcel(File f_xls){
    List stulist = new ArrayList();
    try {
        //this.deleteTable_A();
        Workbook book = Workbook.getWorkbook(f_xls);
```

```
            Sheet sheet = book.getSheet(0);
            for(int i = 1;i < sheet.getRows();i++){          //逐行读取
                Cell[] cells = sheet.getRow(i);              //获得 i 行的所有的单元格
                Stu_xls stu = new Stu_xls();   //将该行单元格的内容包装为一个对象,放入 List 中
                stu.setXh(cells[0].getContents());
                stu.setName(cells[1].getContents());
                stu.setSex(cells[2].getContents());
                stu.setDept(cells[3].getContents());
                stu.setType(cells[4].getContents());
                stu.setProject(cells[5].getContents());
                stulist.add(stu);
                }
        } catch (BiffException e) {e.printStackTrace();
        } catch (IOException e) {e.printStackTrace();
        }
        return stulist;
}
/**
 * 在控制台上显示读取的 xls 数据,供调试时调用
 * xls 数据是通过 ReadExcel(File f_xls)方法读取的,xls 保存在 List 中
 */
public void showxls(List stulist){
    Stu_xls stubean = null;
    for(int i = 0;i < stulist.size();i++)
     { stubean = (Stu_xls)stulist.get(i);                  //逐一获取 List 中的学生
        System.out.print(stubean.getXh() + " -- ");
        System.out.print(stubean.getName() + " -- ");
        System.out.print(stubean.getSex() + " -- ");
        System.out.print(stubean.getDept() + " -- ");
        System.out.print(stubean.getType() + " -- ");
        System.out.println(stubean.getProject());
    }
}
/**
 * 将 List 中的学生信息,写入 MySQL 数据库(student)表"stu_jxl"中
 */
public void SaveToDB(List stulist) throws SQLException{
    Connection conn  = null;
    PreparedStatement stmt = null;
    try {
        conn = DBcon.getConnection();
        String sql = "insert into stu_jxl values(?,?,?,?,?,?)";
        stmt = conn.prepareStatement(sql);
        Stu_xls stubean = null;
        for(int i = 0;i < stulist.size();i++)
         { stubean = (Stu_xls)stulist.get(i);               //逐一获取 List 中的学生学号
            stmt.setString(1, stubean.getXh());
            stmt.setString(2, stubean.getName());
            stmt.setString(3, stubean.getSex());
            stmt.setString(4, stubean.getDept());
            stmt.setString(5, stubean.getType());
```

```
                stmt.setString(6, stubean.getProject());
                stmt.executeUpdate();     //逐一将获取的学生信息保存到数据库中
            }
        } catch (SQLException e) {  e.printStackTrace();
        }finally{  conn.close();
        }
    }
}
```

(7) 设计接收 readexcel.jsp 通过文件表单传来 XLS 文件的 Servlet 类，该类接收浏览器传来的 XLS 文件，先将 Excel 文件保存到服务器上，然后调用 ExcelManage 工具类的 ReadExcel()方法读取 Excel 单元格，得到由单元格信息封装的实体对象组成的 List 集合。再调用 ExcelManage 类的 SaveToDB()方法，将含有 Excel 单元格数据信息的 List 集合内容存入数据库。最后转发到 reslist.jsp 显示结果。

ExcelUploadServlet.java 参考代码如下所示。

```
/** 接收浏览器传来的 XLS 文件，并保存到服务器上 */
package servlet;
import java.io.IOException;
import java.io.PrintWriter;
import java.util.List;
import java.util.Set;
import javax.servlet.ServletException;
import javax.servlet.http.HttpServlet;
import javax.servlet.http.HttpServletRequest;
import javax.servlet.http.HttpServletResponse;
import util.ExcelManage;
import com.jspsmart.upload.File;
import com.jspsmart.upload.Files;
import com.jspsmart.upload.SmartUpload;
public class ExcelUploadServlet extends HttpServlet {
public void doGet(HttpServletRequest request, HttpServletResponse response)
        throws ServletException, IOException {
    this.doPost(request, response);
}
public void doPost(HttpServletRequest request, HttpServletResponse response)
        throws ServletException, IOException {
    SmartUpload su = new SmartUpload();
    su.initialize(this.getServletConfig(), request, response);
    String path = this.getServletContext().getRealPath("");
    path = path.substring(0, path.indexOf("webapps") + "webapps".length()) + "\\jsppractice\
\xlsupfile\\";
    try {
        su.setAllowedFilesList("xls");
        su.upload();
        java.io.File file1 = new java.io.File(path + "stu.xls");
        if(file1.exists()){file1.delete();}
        Files file = su.getFiles();
        File f1 = file.getFile(0);
        f1.saveAs("./xlsupfile/stu.xls", File.SAVEAS_VIRTUAL);  //上传的 xls 保存到服务器
```

```
            java.io.File file2 = new java.io.File(path + "stu.xls");
            ExcelManage em = new ExcelManage();
            List stu_list = em.ReadExcel(file2);          //读取服务器上的 xls 文件到 List 中
            //em.showxls(stu_list);                        //在控制台上显示,仅在调试时使用
            em.SaveToDB(stu_list);          //将来自 xls 文件的 List 中的数据保存到数据库中
            request.getSession().setAttribute("reslist", stu_list);
            request.getRequestDispatcher("/ch11/jxl/reslist.jsp").forward(request, response);
        } catch (Exception e) {
            request.getRequestDispatcher("/ch11/jxl/error.jsp").forward(request, response);
        }
    }
}
```

(8) 设计供用户上传 Excel 文件的界面文件 readexcel.jsp,提供上传文件的表单,表单提交给 ExcelUploadServlet 处理。

readexcel.jsp 参考代码如下所示。

```
<%@ page language = "java" import = "java.util.*" pageEncoding = "gbk" %>
<%
String path = request.getContextPath();
String basePath = request.getScheme() + "://" + request.getServerName() + ":" + request.
getServerPort() + path + "/";
%>
<!DOCTYPE HTML PUBLIC "-//W3C//DTD HTML 4.01 Transitional//EN">
<html>
  <head>
    <base href = "<% = basePath %>">
    <title>读取 Excel 表</title>
  </head>
  <body>
<div align = "center">
<fieldset style = "width: 400">
<legend>导入 Excel </legend>
<form action = "/jsppractice/ExcelUploadServlet" name = "myform" method = "post" enctype =
"multipart/form-data">
    <table border = "1">
     <tr><td>选择学生名单<br>添加到数据库中</td>
        <td> <input type = "file" name = "xlsfile" value = "浏览"> </td></tr>
     <tr><td colspan = "2" align = "center">
            <span id = "mes" style = "color: blue">等待用户选择 xls 文件...</span></td></tr>
     <tr><td colspan = "2" align = "center">
        <input type = "button" value = "导入数据库" onclick = "upload()"></td></tr>
    </table>
  </form>
</fieldset>
</div>
  </body>
<script type = "text/javascript">
    function upload(){
      var testfile = /\.(xls)+$/;
      var fxls = document.myform.xlsfile.value;
```

```
        if(fxls == ""){  alert('请选择要上传的 Excel 表!');
         }else if(!testfile.test(fxls)){alert('您选择的表必须为 Excel 文件');
           }else{
            document.getElementById("mes").innerText = "正在导入文件,请稍后....";
            document.myform.submit(); }
         }
  </script>
</html>
```

(9) 设计显示用户上传 Excel 文件结果的 reslist.jsp。首先，显示直接读取的 Excel 数据；其次，将数据库信息显示出来供用户比对，看上传的 Excel 设计与数据库中的数据是否一致。用户在 readexcel.jsp 页面上单击“导入数据库”按钮，将 XLS 文件提交给 ExcelUploadServlet 处理后，结果信息将在 reslist.jsp 中显示，页面上半部分为服务器读到的 Excel 信息，下半部分为从数据库读出的信息，用户通过对比可查看到上传的 Excel 单元格数据是否已存入数据库中，也可直接打开数据库查看运行结果。

reslist.jsp 参考代码如下所示。

```
<%@ page language="java" import="java.util.*" pageEncoding="gbk"%>
<%@page import="bean.Stu_xls,java.sql.*"%>
<jsp:useBean id="db" class="bean.DBcon" scope="request"/>
<!DOCTYPE HTML PUBLIC "-//W3C//DTD HTML 4.01 Transitional//EN">
<html>
  <head><title>Excel 文件导入结果</title>  </head>
  <body>
<!-- 首先直接显示由 Servlet 读取的 xls 文件信息 -->
<%
    List reslist = (List)request.getSession().getAttribute("reslist");
    Set set = new HashSet();
%>
<table border="1" bordercolor="black" style="border-collapse: collapse;font-size:
0.8em;">
  <tr bgcolor="#bbff99" align="center">
    <td colspan="6">由 Servlet 读取的 xls 文件信息如下</td>   </tr>
  <tr bgcolor="#ddcc99" align="center">
        <td><b>学号</b></td>  <td><b>姓名</b></td>
        <td><b>性别</b></td>  <td><b>班级</b></td>
        <td><b>类别</b></td>  <td><b>专业</b></td>
    </tr>
<%
    for(int i = 0;i<reslist.size();i++){
        Stu_xls stubean = (Stu_xls)reslist.get(i);
%>
    <tr>
        <td align="center"><%=stubean.getXh() %></td>
        <td align="center"><%=stubean.getName() %></td>
        <td align="center"><%=stubean.getSex() %></td>
        <td align="center"><%=stubean.getDept() %></td>
        <td align="center"><%=stubean.getType() %></td>
        <td align="center"><%=stubean.getProject() %></td>
```

```
    </tr>
<%
    }
%>
<!-- 以下显示从数据库中读取的导入信息 -->
<%
    Connection  conn = db.getConnection();
    String sql = "select * from stu_jxl";
    Statement stmt = conn.createStatement();
    ResultSet stuset = stmt.executeQuery(sql);
%>
<table border = "1" bordercolor = "black" style = "border - collapse: collapse; font - size:
0.8em;">
  <tr bgcolor = "#ffbb99" align = "center">
    <td colspan = "6" >从数据库中读取的信息如下</td> </tr>
     <tr bgcolor = "#ccdd99" align = "center">
       <td><b>学号</b></td>  <td><b>姓名</b></td>
       <td><b>性别</b></td>  <td><b>班级</b></td>
       <td><b>类别</b></td>  <td><b>专业</b></td>
     </tr>
   <% while(stuset.next()){ %>
     <tr>
       <td align = "center"><% = stuset.getString(1) %></td>
       <td align = "center"><% = stuset.getString(2) %></td>
       <td align = "center"><% = stuset.getString(3) %></td>
       <td align = "center"><% = stuset.getString(4) %></td>
       <td align = "center"><% = stuset.getString(5) %></td>
       <td align = "center"><% = stuset.getString(6) %></td>
     </tr>
    <%  } %>
   <font color = red><br>注意: 如果数据库中已含有要导入的"学号"记录,则不能导入,需删除重
复记录后再导入!</font>
 </body>
</html>
```

(10) 输入 URL，readexcel.jsp 运行效果如图 11-8 所示。

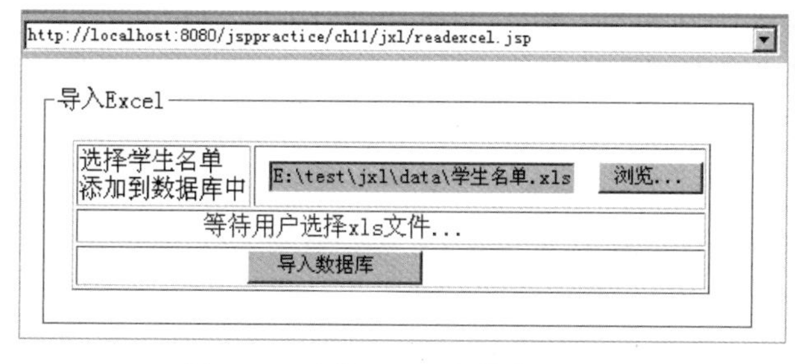

图 11-8　上传 Excel 文件表单界面

Servlet 成功读取上传的 Excel 文件效果如图 11-9 所示。

http://localhost:8080/jsppractice/ExcelUploadServlet

由Servlet读取的xls文件信息如下					
学号	姓名	性别	班级	类别	专业
jsj0000001	张小丽	女	JSJ001	工科	计算机科学与技术
jsj0000002	朱金兰	女	JSJ001	工科	计算机科学与技术
jsj0000003	陈怡清	男	JSJ002	工科	网络工程
jsj0000004	李晓燕	女	JSJ002	工科	网络工程
jsj0000005	李芳	男	JSJ003	工科	物联网工程
jsj0000006	曹丽	女	JSJ003	工科	物联网工程
jsj0000007	顾金春	男	JSJ004	工科	软件工程
jsj0000008	张严莉	女	JSJ004	工科	软件工程
jsj0000009	武点静	男	JSJ004	工科	软件工程
jsj0000010	王雨洁	女	JSJ004	工科	软件工程

注意：如果数据库中已含有要导入的"学号"记录，则不能导入，需删除重复记录后再导入！

从数据库中读取的信息如下					
学号	姓名	性别	班级	类别	专业
jsj0000001	张小丽	女	JSJ001	工科	计算机科学与技术
jsj0000002	朱金兰	女	JSJ001	工科	计算机科学与技术
jsj0000003	陈怡清	男	JSJ002	工科	网络工程
jsj0000004	李晓燕	女	JSJ002	工科	网络工程
jsj0000005	李芳	男	JSJ003	工科	物联网工程
jsj0000006	曹丽	女	JSJ003	工科	物联网工程
jsj0000007	顾金春	男	JSJ004	工科	软件工程
jsj0000008	张严莉	女	JSJ004	工科	软件工程
jsj0000009	武点静	男	JSJ004	工科	软件工程
jsj0000010	王雨洁	女	JSJ004	工科	软件工程

图 11-9　Servlet 成功读取上传的 Excel 文件

下面是调试时在控制台上输出读取到的 Excel 数据。调试时在 ExcelUploadServlet 中调用由 ExcelManage 类提供的 void showxls(List stulist)方法，可在控制台上显示服务器读取的 Excel 信息。服务器成功读取 Excel 文件在控制台上的输出信息效果如图 11-10 所示。

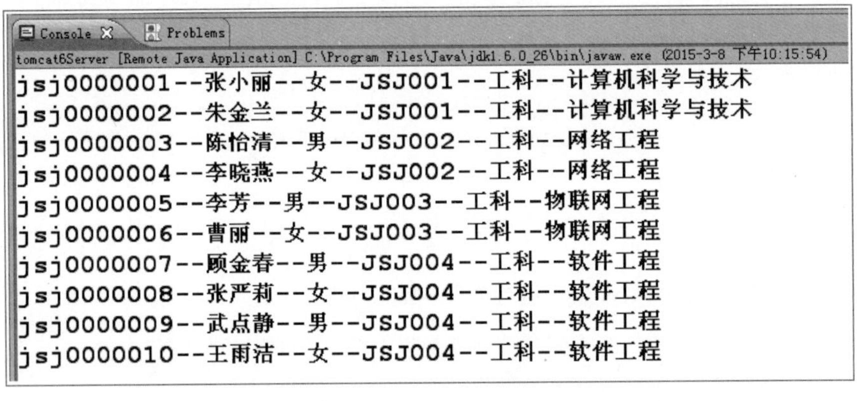

```
Console ✕   Problems
tomcat6Server [Remote Java Application] C:\Program Files\Java\jdk1.6.0_26\bin\javaw.exe (2015-3-8 下午10:15:54)
jsj0000001--张小丽--女--JSJ001--工科--计算机科学与技术
jsj0000002--朱金兰--女--JSJ001--工科--计算机科学与技术
jsj0000003--陈怡清--男--JSJ002--工科--网络工程
jsj0000004--李晓燕--女--JSJ002--工科--网络工程
jsj0000005--李芳--男--JSJ003--工科--物联网工程
jsj0000006--曹丽--女--JSJ003--工科--物联网工程
jsj0000007--顾金春--男--JSJ004--工科--软件工程
jsj0000008--张严莉--女--JSJ004--工科--软件工程
jsj0000009--武点静--男--JSJ004--工科--软件工程
jsj0000010--王雨洁--女--JSJ004--工科--软件工程
```

图 11-10　服务器成功读取 Excel 文件在控制台上的输出信息

项目实训 3　使用 JFreeChart 显示动态曲线

JFreeChart 是 Java 平台上的一个开放的图表绘制类库。它完全使用 Java 语言编写，是为 Applications、Applets、Servlets 及 JSP 等使用所设计。JFreeChart 可生成饼图（pie charts）、时序图（time series）、柱状图（bar charts）、散点图（scatter plots）、甘特图（gantt charts）等多种图表，并且可以输出 PNG 和 JPEG 格式的图像，还可以将其与 PDF 和 Excel

关联。JFreeChart Java 图表库是一个100%免费的开源项目，能够在 Swing 和 JSP Web 中制作自定义的图表或报表，应用广泛。

【实验步骤】

(1) 下载 JFreeChart 开源 jar 包。

JFreeChart 是开放源代码的免费软件，其下载地址为 http://sourceforge.net/projects/jfreechart/files/。它解压后有如下目录和文件。

① source 目录：为 jfreechart 的源码目录。

② lib 目录：为包目录，需要关注的包为 jfreechart-1.0.13.jar、gnujaxp.jar 和 jcommon-1.0.16.jar 这3个包。

③ 根目录下的 jfreechart-demo.jar 是例子程序，双击该 jar 文件后可看到其中各种图表例子的运行结果，如图11-11所示。

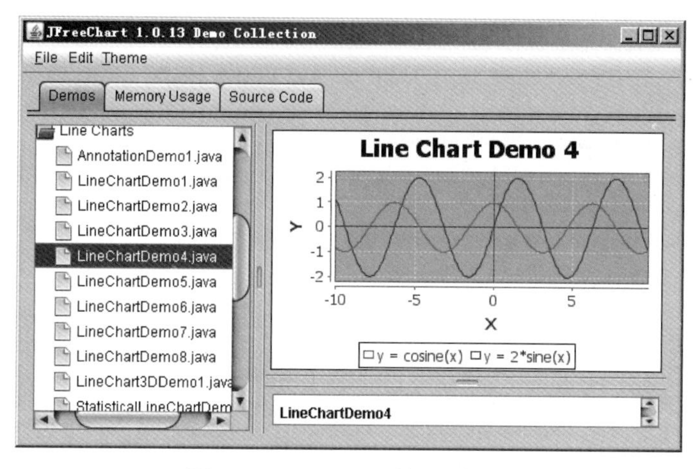

图 11-11 jfreechart 的图形示例

(2) 编写使用 JFreeChart 生成柱状图的 JSP 应用程序。

① 在 MyEclipse 开发工具中创建一个名为 jfreechartdemo 的 Web 工程。

② 将下载的 JFreeChart 下 lib 目录下的 jar 包复制到 WebRoot/WEB-INF/lib 目录下，如图11-12所示。

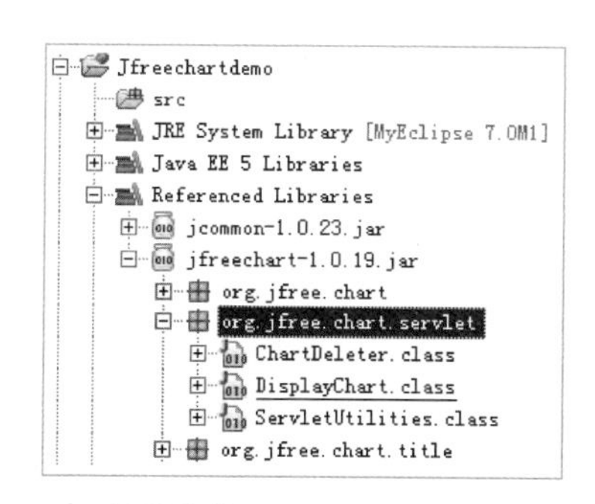

图 11-12 项目结构及 jfreechart.jar 中的 Servlet

③ 由于应用程序是直接调用 JFreeChart 提供的 Servlet(DisplayChart.class)生成图表的，因此，需要在 web.xml 文件中增加 Servlet 配置项如下。

```
<servlet>
  <servlet-name>DisplayChart</servlet-name>
  <servlet-class>org.jfree.chart.servlet.DisplayChart</servlet-class>
</servlet>
<servlet-mapping>
  <servlet-name>DisplayChart</servlet-name>
  <url-pattern>/DisplayChart</url-pattern>
</servlet-mapping>
```

④ 编写显示柱状图的 barchart.jsp 文件。

barchart.jsp 参考代码如下所示。

```
<%@ page language="java" import="java.util.*" pageEncoding="utf-8"%>
    <%@ page import="
          org.jfree.chart.ChartFactory,
          org.jfree.chart.JFreeChart,
          org.jfree.chart.servlet.ServletUtilities,
          org.jfree.data.category.CategoryDataset,
          org.jfree.data.general.DatasetUtilities,
          org.jfree.chart.plot.*,
          org.jfree.chart.labels.*,
          org.jfree.chart.renderer.category.BarRenderer3D,
          java.awt.*,
          org.jfree.ui.*,
          org.jfree.chart.axis.*"%>
    <%
    String path = request.getContextPath();
    String basePath = request.getScheme() + "://" + request.getServerName() + ":" +
                    request.getServerPort() + path + "/";
     %>
    <!DOCTYPE HTML PUBLIC "-//W3C//DTD HTML 4.01 Transitional//EN">
    <html>
    <head>
        <base href="<%=basePath%>">
        <title>barchart.jsp</title>
    </head>
    <body>
        <%
        double[][] data = new double[][] {
                        { 1310, 1220, 1110, 1000 },
                        { 720, 700, 680, 640 },
                        { 1130, 1020, 980, 800 },
                        { 440, 400, 360, 300 } };
            String[] rowKeys = { "水稻", "玉米", "大豆", "小麦" };
            String[] columnKeys = { "南通", "苏州", "无锡", "南京" };
            CategoryDataset dataset = DatasetUtilities.createCategoryDataset ( rowKeys,
columnKeys, data);
            JFreeChart chart = ChartFactory.createBarChart3D("粮食销量统计图",
```

```
                        "主粮销量统计", "销量", dataset, PlotOrientation.VERTICAL, true,true,
false);
            //** 这段解决汉字乱码问题
                CategoryPlot plot = chart.getCategoryPlot();        //获取图表区域对象
                CategoryAxis domainAxis = plot.getDomainAxis();     //水平底部列表
                domainAxis.setLabelFont(new Font("黑体", Font.BOLD, 14)); //水平底部标题
                domainAxis.setTickLabelFont(new Font("宋体", Font.BOLD, 12)); //垂直标题
                ValueAxis rangeAxis = plot.getRangeAxis();          //获取柱状
                rangeAxis.setLabelFont(new Font("黑体", Font.BOLD, 15));
                chart.getLegend().setItemFont(new Font("黑体", Font.BOLD, 15));
                chart.getTitle().setFont(new Font("宋体", Font.BOLD, 20));//设置标题字体
            //** 到这里结束
            //设置网格背景颜色
            plot.setBackgroundPaint(Color.white);
            //设置网格竖线颜色
            plot.setDomainGridlinePaint(Color.pink);
            //设置网格横线颜色
            plot.setRangeGridlinePaint(Color.pink);
            //显示每个柱的数值,并修改该数值的字体属性
            BarRenderer3D renderer = new BarRenderer3D();
            renderer.setBaseItemLabelGenerator(new StandardCategoryItemLabelGenerator());
            renderer.setBaseItemLabelsVisible(true);
            //默认的数字显示在柱子中,通过如下两句可调整数字的显示
            //注意,此句很关键,若无此句,那数字的显示会被覆盖,数字没有显示
            renderer.setBasePositiveItemLabelPosition(new ItemLabelPosition(
                    ItemLabelAnchor.OUTSIDE12, TextAnchor.BASELINE_LEFT));
            renderer.setItemLabelAnchorOffset(10D);
            //设置每个地区所包含的平行柱之间的距离
            //renderer.setItemMargin(0.3);
            plot.setRenderer(renderer);
            //设置地区、销量的显示位置
            //将下方的"肉类"放到上方
            plot.setDomainAxisLocation(AxisLocation.TOP_OR_RIGHT);
            //将默认放在左边的"销量"放到右方
            plot.setRangeAxisLocation(AxisLocation.BOTTOM_OR_RIGHT);
            String filename = ServletUtilities.saveChartAsPNG(chart, 700, 400, null, session);
            String graphURL = request.getContextPath() + "/DisplayChart?filename=" + filename;
        %>
        <img src="<%= graphURL %>" width=700 height=400 border=0 usemap="#<%=
filename %>">
    </body>
    </html>
```

⑤ 在地址栏输入 http://localhost:8080/Jfreechartdemo/barchart.jsp,运行效果如图 11-13 所示。

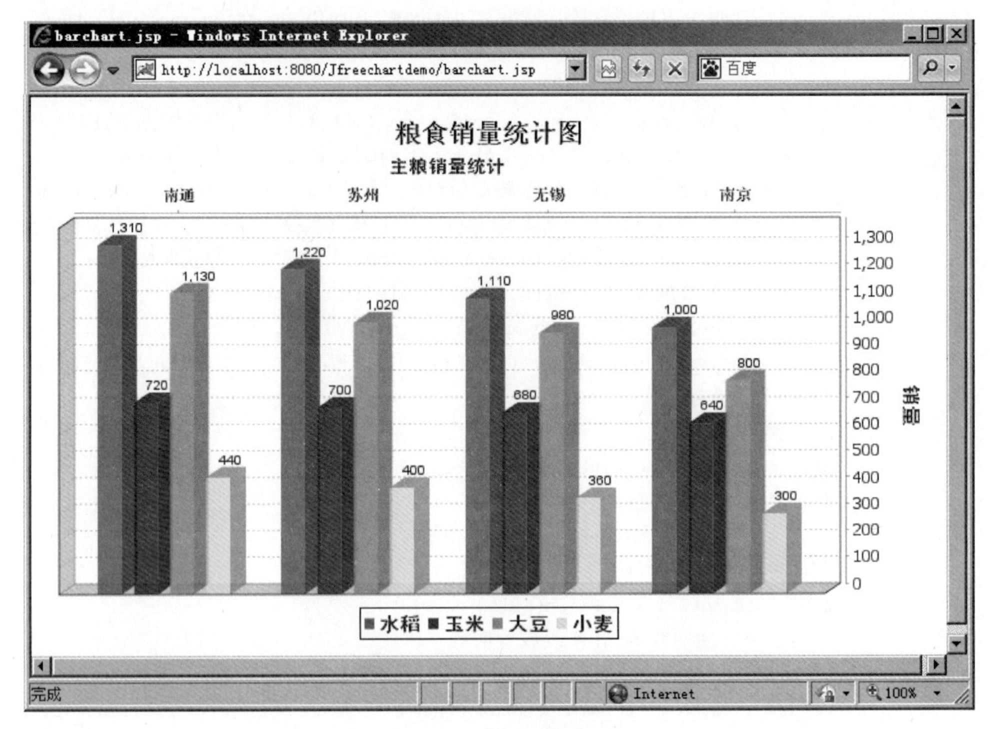

图 11-13　柱形图效果

(3) 编写使用 JFreeChart 生成时序曲线图的 JSP 应用程序。

① 编写 Servlet 程序，绘制时序曲线图(time series chart)。在 src 目录下的 Servlet 包中新建一个绘制时序曲线图的 Servlet 程序(LineChartServlet.java)。

LineChartServlet 参考代码如下所示。

```
package servlet;
import java.io.IOException;
import javax.servlet.ServletException;
import javax.servlet.http.HttpServlet;
import javax.servlet.http.HttpServletRequest;
import javax.servlet.http.HttpServletResponse;
import java.awt.Color;
import java.awt.Font;
import java.io.FileNotFoundException;
import java.io.FileOutputStream;
import java.io.OutputStream;
import org.jfree.chart.ChartFactory;
import org.jfree.chart.ChartUtilities;
import org.jfree.chart.JFreeChart;
import org.jfree.chart.StandardChartTheme;
import org.jfree.chart.plot.XYPlot;
import org.jfree.data.time.Month;
import org.jfree.data.time.TimeSeries;
import org.jfree.data.time.TimeSeriesCollection;
import org.jfree.data.xy.XYDataset;
```

```
public class LineChartServlet extends HttpServlet {
public LineChartServlet() {
    super();
}
public void destroy() {
    super.destroy();
}
private static JFreeChart createChart(XYDataset paramXYDataset) {
    //*****************************************************************
    //解决中文乱码
    StandardChartTheme standardChartTheme = new StandardChartTheme("JFree"); //或为 Legacy
    StandardChartTheme.setRegularFont(new Font("宋体", Font.BOLD, 12));
    StandardChartTheme.setExtraLargeFont(new Font("宋体", Font.BOLD, 12));
    StandardChartTheme.setSmallFont(new Font("宋体", Font.BOLD, 12));
    StandardChartTheme.setLargeFont(new Font("宋体", Font.BOLD, 12));
    ChartFactory.setChartTheme(standardChartTheme);
    //*****************************************************************
    JFreeChart localJFreeChart = ChartFactory.createTimeSeriesChart(
    "价格走势图", "时间", "单价",paramXYDataset, false, false, false);
    XYPlot localXYPlot = (XYPlot) localJFreeChart.getPlot();
    localXYPlot.setBackgroundPaint(Color.YELLOW);
    localXYPlot.setDomainGridlinePaint(Color.BLACK);
    localXYPlot.setRangeGridlinePaint(Color.BLUE);
    return (JFreeChart) localJFreeChart;}
private static XYDataset createDataset() {
    TimeSeries localTimeSeries1 = new TimeSeries("a");
    localTimeSeries1.add(new Month(1, 2014), 184D);
    localTimeSeries1.add(new Month(2, 2014), 187D);
    localTimeSeries1.add(new Month(3, 2014), 192D);
    localTimeSeries1.add(new Month(4, 2014), 202D);
    localTimeSeries1.add(new Month(5, 2014), 201D);
    localTimeSeries1.add(new Month(6, 2014), 188D);
    localTimeSeries1.add(new Month(7, 2014), 192D);
    localTimeSeries1.add(new Month(8, 2014), 191D);
    localTimeSeries1.add(new Month(9, 2014), 194D);
    localTimeSeries1.add(new Month(10, 2014), 201D);
    localTimeSeries1.add(new Month(11, 2014), 205D);
    localTimeSeries1.add(new Month(12, 2014), 206D);
    localTimeSeries1.add(new Month(1, 2015), 216D);
    localTimeSeries1.add(new Month(2, 2015), 218D);
    localTimeSeries1.add(new Month(3, 2015), 215D);
    localTimeSeries1.add(new Month(4, 2015), 223D);
    localTimeSeries1.add(new Month(5, 2015), 235D);
    localTimeSeries1.add(new Month(6, 2015), 242D);
    localTimeSeries1.add(new Month(7, 2015), 237D);
    TimeSeries localTimeSeries2 = new TimeSeries("b");
    localTimeSeries2.add(new Month(1, 2014), 144D);
    localTimeSeries2.add(new Month(2, 2014), 146D);
    localTimeSeries2.add(new Month(3, 2014), 151D);
    localTimeSeries2.add(new Month(4, 2014), 153D);
    localTimeSeries2.add(new Month(5, 2014), 144D);
```

```
        localTimeSeries2.add(new Month(6, 2014), 150D);
        localTimeSeries2.add(new Month(7, 2014), 148D);
        localTimeSeries2.add(new Month(8, 2014), 150D);
        localTimeSeries2.add(new Month(9, 2014), 151D);
        localTimeSeries2.add(new Month(10, 2014), 153D);
        localTimeSeries2.add(new Month(11, 2014), 158D);
        localTimeSeries2.add(new Month(12, 2014), 157D);
        localTimeSeries2.add(new Month(1, 2015), 163D);
        localTimeSeries2.add(new Month(2, 2015), 163D);
        localTimeSeries2.add(new Month(3, 2015), 162D);
        localTimeSeries2.add(new Month(4, 2015), 167D);
        localTimeSeries2.add(new Month(5, 2015), 170D);
        localTimeSeries2.add(new Month(6, 2015), 175D);
        localTimeSeries2.add(new Month(7, 2015), 171D);
        TimeSeriesCollection localTimeSeriesCollection = new TimeSeriesCollection();
        localTimeSeriesCollection.addSeries(localTimeSeries1);
        localTimeSeriesCollection.addSeries(localTimeSeries2);
        return localTimeSeriesCollection;}
    public void doGet(HttpServletRequest request, HttpServletResponse response)
            throws ServletException, IOException {
        response.setContentType("image/jpeg;charset = utf - 8");
        JFreeChart localJFreeChart = createChart(createDataset());
        //try 里面是生成图像的代码,只需要传入一个 chart
        try {
            OutputStream os = new FileOutputStream("line.jpeg");
            try {
                //由 ChartUtilities 生成文件到一个体 outputStream 中去
                 ChartUtilities.writeChartAsJPEG(response.getOutputStream(), localJFreeChart, 500,
    300);
            } catch (IOException e) {
                e.printStackTrace();   }
        } catch (FileNotFoundException e) {
            e.printStackTrace();   }
        //输出图像
        //ImageIO.write(localJFreeChart, "JPG", response.getOutputStream());
        response.getOutputStream().close();   }
    public void doPost(HttpServletRequest request, HttpServletResponse response)
            throws ServletException, IOException {
            doGet(request,response);   }
    public void init() throws ServletException {   }
    }
```

② 在地址栏输入 http://localhost:8080/Jfreechartdemo/LineChartServlet，运行效果如图 11-14 所示。

(4) 拓展训练实验。参考下列程序，从串口实时读取环境温度数据。编写 JSP 程序，实现环境温度以时序曲线图的方式实时显示、监控。拓展训练实验步骤及参考代码如下：

① rxtx 文件配置。

- 把下载包中 rxtxSerial.dll 放到%java_home%\jre\bin\目录和 C:\Windows\System32\目录下。

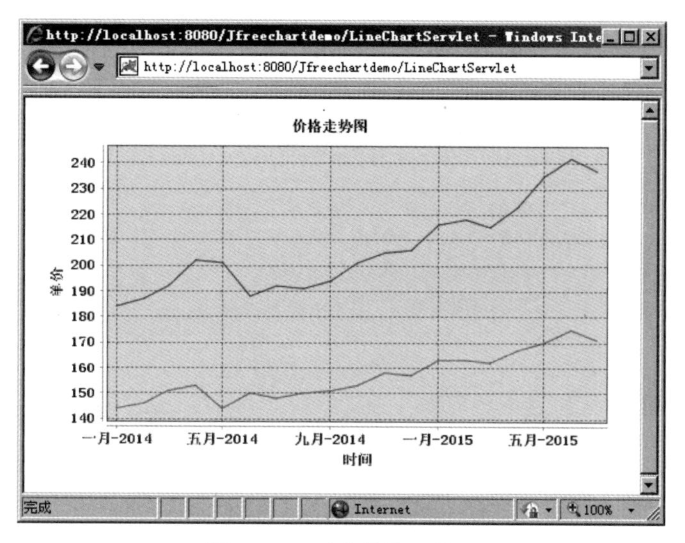

图 11-14　时序曲线图效果

- 把下载包中 RXTXcomm.jar 放到%java_home%\jre\lib\ext\目录下。
- 把下载包中 RXTXcomm.jar 粘贴到项目的 WebRoot\WEB-INF\Lib 目录中。

② 编写读取串口的 Java 程序,这里共有 4 个文件。

SerialBuffer.java 参考代码如下所示。

```
package serial;
/**
 * SerialBuffer 是本类库中所定义的串口缓冲区,
  * 它定义了往该缓冲区中写入数据和从该缓冲区中读取数据所需要的函数
  */
public class SerialBuffer {
    private String Content = "";
    private String CurrentMsg, TempContent;
    private boolean available = false;
    private int LengthNeeded = 1;
    /**
      * 本函数从串口(缓冲区)中读取指定长度的一个字符串
      * 参数 Length 指定所返回字符串的长度
      */
    public synchronized String GetMsg(int Length) {
        LengthNeeded = Length;
        notifyAll();
        if (LengthNeeded > Content.length()) {
            available = false;
            while (available == false) {
                try {   wait();
                } catch (InterruptedException e) {   }
            }
        }
        CurrentMsg = Content.substring(0, LengthNeeded);
        TempContent = Content.substring(LengthNeeded);
```

```
            Content = TempContent;
            LengthNeeded = 1;
            notifyAll();
            return CurrentMsg;
        }
        /**
         * 参数 t 存储字符串的值
         * 本函数向串口缓冲区中写入一个字符,参数 c 是需要写入的字符
         * 在往缓冲区写入数据或是从缓冲区读取数据时,必须保证数据的同步
         * 因此 GetMsg 和 PutChar 函数均被声明为 synchronized 并在具体实现中采取措施实现的数据
         * 的同步
         */
        public synchronized void PutChar(int c) {
            Character d = new Character((char) c);
            Content = Content.concat(d.toString());
            if (LengthNeeded < Content.length()) {
                available = true;
            }
            notifyAll();
        }
}
```

ReadSerial.java 参考代码如下所示。

```
package serial;
import java.io.*;
/
 * ReadSerial 是一个进程,它不断地从指定的串口读取数据并将其存放到缓冲区中
 */
public class ReadSerial extends Thread {
    private SerialBuffer ComBuffer;
    private InputStream ComPort;
    /**
     * Constructor
     * @param SB
     * The buffer to save the incoming messages.
     * 本函数构造一个 ReadSerial 进程,参数 SB 指定存放传入数据的缓冲区
     * 参数 Port 指定从串口所接收的数据流
     */
    public ReadSerial(SerialBuffer SB, InputStream Port) {
        ComBuffer = SB;
        ComPort = Port;
    }
/* ReadSerial 进程的主函数,不断地从指定的串口读取数据并将其存放到缓冲区中 */
    public void run() {
        int c;
        try {
            while (true) {
                c = ComPort.read();
                //System.out.print("~~" + (char)c);
                ComBuffer.PutChar(c);
```

```
            }
        } catch (IOException e) {
        }
    }
}
```

SerialBean.java 参考代码如下：

```
package serial;
import gnu.io.CommPortIdentifier;
import gnu.io.NoSuchPortException;
import gnu.io.PortInUseException;
import gnu.io.SerialPort;
import gnu.io.UnsupportedCommOperationException;
import java.io.*;
/* SerialBean 是本类库与其他应用程序的接口，该类中定义了 SerialBean 的构造方法及初始化
*  串口、从串口读取数据、往串口写入数据及关闭串口的函数
*/
public class SerialBean {
    static String PortName;
    CommPortIdentifier portId;
    SerialPort serialPort;
    static OutputStream out;
    static InputStream in;
    SerialBuffer SB;
    ReadSerial RT;
    /**
     * Constructor *
     * @param PortID
     *   the ID of the serial to be used. 1 for COM1, 2 for COM2, etc.    *
     */
    public SerialBean(int PortID) {PortName = "COM" + PortID;}
    /**    *
     * 本函数初始化所指定的串口并返回初始化结果。如果初始化成功则返回 1，否则返回 -1
     * 初始化的结果是该串口被 SerialBean 独占性使用
     * 其参数被设置为 9600, N, 8, 1(这要根据实际修改的)
     * 如果串口被成功初始化，则打开一个进程读取从串口传入的数据并将其保存在缓冲区中
     */
    public int Initialize() {
        int InitSuccess = 1;
        int InitFail =-1;
        try {
            System.out.println("PortName = " + PortName);
            portId = CommPortIdentifier.getPortIdentifier(PortName);
            try {
                serialPort = (SerialPort) portId.open("Serial_Communication",1000);
                //打开端口，两个参数：程序名称，延迟时间(毫秒数)
            } catch (PortInUseException e) {
                return InitFail;
            }
            //使用 InputStream 从串口读取，使用 OutputStream 写入串行端口
```

```
            try {
                in = serialPort.getInputStream();
                out = serialPort.getOutputStream();
            } catch (IOException e) {
                return InitFail;
            }
            //初始化参数为 2400, 8, 1, none
            try {
                serialPort.setSerialPortParams(115200, SerialPort.DATABITS_8,
                        SerialPort.STOPBITS_1, SerialPort.PARITY_NONE);
            } catch (UnsupportedCommOperationException e) {
                return InitFail;
            }
        } catch (NoSuchPortException e) {
            return InitFail;
        }
        /*当成功打开串口,创建一个新的串口缓冲区,然后创建一个线程,始终从串口接收传入
的信号。传入的信号存储在串口缓冲区*/
        SB = new SerialBuffer();           //创建一个新的串口缓冲区
        RT = new ReadSerial(SB, in);       //然后创建一个线程,始终从串口接收传入的信号
        RT.start();
        //返回完成信息
        return InitSuccess;
    }
    /**
     * 本函数从串口(缓冲区)中读取指定长度的一个字符串
     * 参数 Length 指定所返回字符串的长度
     */
    public String ReadPort(int Length) {
        String Msg;
        Msg = SB.GetMsg(Length);
        return Msg;
    }
    /**
     * 本函数向串口发送一个字符串,参数 Msg 是需要发送的字符串
     */
    public void WritePort(String Msg) {
        int c;
        try {
            for (int i = 0; i < Msg.length(); i++)
                out.write(Msg.charAt(i));
        } catch (IOException e) {
        }
    }
    /**
     * 本函数停止串口检测进程并关闭串口
     */
    public void ClosePort() {
        RT.stop();
```

```
            serialPort.close();
        }
    }
```

SerialExample.java 参考代码如所示。

```
package serial;
//import serial.*;
//import java.io.*;
/**
 * Java读取串口数据。注意,串口要独占,程序中设置串口号、波特率
 * SerialExample是本类库所提供的一个例程。它所实现的功能是打开串口COM2,对其进行初始化,
 * 从串口读取信息并显示
 */
class SerialExample {
    public static void main(String[] args) {
        //此处加入Java代码
        int comid = 2;                        //COM2
        SerialBean SB = new SerialBean(comid);
        System.out.println("SB = " + SB);
        String Msg;
        int s = SB.Initialize();
        if(s == 1)                      //初始化成功 s = 1; 失败 s =- 1(串口号不对或被别的占用)
            System.out.println("串口初始化成功! S = " + s);
        else
            System.out.println("串口初始化失败!(串口号不对或被别的占用); S = " + s);
        System.out.println("每秒读取8 + 4个字符后有一个回车符(传感器每2秒发送1次)");
        int i = 1;
        while (true) {
            Msg = SB.ReadPort(1);
            System.out.print(Msg);
        }
    }
}
```

程序运行条件:接入串口设备(最好先用串口调试助手测试串口是否正常工作),串口设备连续向计算机的串口发送串行数据,本例所用串口设备的数据格式为"波特率=115200,8,n,1,n",每秒发送的一行字符串,格式为"DS18B20:**.*"(这里**.*为十进制温度数据,精确到0.1℃)。

运行SerialExample.java后,在控制台上输出从串口读取的数据,如图11-15所示。

```
PortName=COM2
Stable Library
=========================================
Native lib Version = RXTX-2.1-7
Java lib Version   = RXTX-2.1-7
串口初始化成功! S=1
每秒读取8+4个字符后有一个回车符(传感器每2秒发送1次)
S18B20:18.9
DS18B20:18.8
DS18B20:18.6
DS18B20:18.4
DS18B20:18.3
```

图11-15 Java读取串口数据

③ 编写 JSP 程序，以时序曲线图的方式实时显示并监控环境温度。

项目实训 4　树形菜单

实训任务 4-1

【实训任务】

设计一个带有 Dtree 树形菜单的 JSP 应用项目。

Dtree 是一个免费的 JavaScript 脚本插件，只需定义有限的几个参数就可以做出漂亮的树形菜单，其有关资源也可从网上下载。本实验使用 JavaScript＋CSS＋HTML 控制树形菜单，为“实训任务 4-2”的动态树形菜单做准备。

【实验步骤】

(1) 新建 Web 工程，工程名为 dtreemenu。

(2) 编写 3 个文件——dtree.css、dtree.js、menu01.html，其中 dtree.css、dtree.js 可直接利用下载的文件，作用是控制菜单的树形效果；menu01.html 为具体菜单项，需要根据项目实际编程。之后，在 img 文件夹中复制相关菜单项的图标文件。

dtree.css 参考代码如下所示。

```
/* --------------------------------------------------|
| dTree 树形菜单示例 - by wangcm
|-------------------------------------------------- */
.dtree {
    font-family: Verdana, Geneva, Arial, Helvetica, sans-serif;
    font-size: 11px;
    color: #666;
    white-space: nowrap;}
.dtree img {
    border: 0px;
    vertical-align: middle;}
.dtree a {
    color: #333;
    text-decoration: none;}
.dtree a.node, .dtree a.nodeSel {
    white-space: nowrap;
    padding: 1px 2px 1px 2px;}
.dtree a.node:hover, .dtree a.nodeSel:hover {
    color: #333;
    text-decoration: underline;}
.dtree a.nodeSel {
    background-color: #c0d2ec;}
.dtree .clip {
    overflow: hidden;}
```

dtree.js(位于 Web Root 下的 js 文件夹中)参考代码如下所示。

```
//Node object
function Node(id, pid, name, url, title, target, icon, iconOpen, open) {
    this.id = id;
    this.pid = pid;
    this.name = name;
    this.url = url;
    this.title = title;
    this.target = target;
    this.icon = icon;
    this.iconOpen = iconOpen;
    this._io = open || false;
    this._is = false;
    this._ls = false;
    this._hc = false;
    this._ai = 0;
    this._p;
};
//Tree object
function dTree(objName) {
    this.config = {
        target  : null,
        folderLinks  : true,
        useSelection: true,
        useCookies  : true,
        useLines  : true,
        useIcons  : true,
        useStatusText: false,
        closeSameLevel: false,
        inOrder  : false
    }
    this.icon = {
        root         : 'img/base.gif',
        folder       : 'img/folder.gif',
        folderOpen : 'img/folderopen.gif',
        node        : 'img/page.gif',
        empty      : 'img/empty.gif',
        line     : 'img/line.gif',
        join     : 'img/join.gif',
        joinBottom   : 'img/joinbottom.gif',
        plus      : 'img/plus.gif',
        plusBottom   : 'img/plusbottom.gif',
        minus      : 'img/minus.gif',
        minusBottom   : 'img/minusbottom.gif',
        nlPlus        : 'img/nolines_plus.gif',
        nlMinus      : 'img/nolines_minus.gif'
    };
    this.obj = objName;
    this.aNodes = [];
    this.aIndent = [];
```

```
    this.root = new Node(-1);
    this.selectedNode = null;
    this.selectedFound = false;
    this.completed = false;
};
//向结点中添加新菜单结点
dTree.prototype.add = function(id, pid, name, url, title, target, icon, iconOpen, open) {
    this.aNodes[this.aNodes.length] = new Node(id, pid, name, url, title, target, icon,
iconOpen, open);
};
//打开/关闭菜单结点
dTree.prototype.openAll = function() {
    this.oAll(true);};
dTree.prototype.closeAll = function() {
    this.oAll(false);};
//向页面输出树形菜单
dTree.prototype.toString = function() {
    var str = '<div class="dtree">\n';
    if (document.getElementById) {
        if (this.config.useCookies) this.selectedNode = this.getSelected();
        str += this.addNode(this.root);
    } else str += 'Browser not supported.';
    str += '</div>';
    if (!this.selectedFound) this.selectedNode = null;
    this.completed = true;
    return str;
};
//添加结点
dTree.prototype.addNode = function(pNode) {
    var str = '';
    var n=0;
    if (this.config.inOrder) n = pNode._ai;
    for (n; n<this.aNodes.length; n++) {
        if (this.aNodes[n].pid == pNode.id) {
            var cn = this.aNodes[n];
            cn._p = pNode;
            cn._ai = n;
            this.setCS(cn);
            if (!cn.target && this.config.target) cn.target = this.config.target;
            if (cn._hc && !cn._io && this.config.useCookies) cn._io = this.isOpen(cn.id);
            if (!this.config.folderLinks && cn._hc) cn.url = null;
            if (this.config.useSelection && cn.id == this.selectedNode && !this.selectedFound) {
                    cn._is = true;
                    this.selectedNode = n;
                    this.selectedFound = true;}
            str += this.node(cn, n);
            if (cn._ls) break;}
    }
    return str;
};
//创建菜单项图标、URL及显示文字
```

```
dTree.prototype.node = function(node, nodeId) {
    var str = '<div class="dTreeNode">' + this.indent(node, nodeId);
    if (this.config.useIcons) {
        if (!node.icon) node.icon = (this.root.id == node.pid) ? this.icon.root : ((node._
hc) ? this.icon.folder : this.icon.node);
        if (!node.iconOpen) node.iconOpen = (node._hc) ? this.icon.folderOpen : this.icon.node;
        if (this.root.id == node.pid) {
            node.icon = this.icon.root;
            node.iconOpen = this.icon.root; }
        str += '<img id="i' + this.obj + nodeId + '" src="' + ((node._io) ? node.
iconOpen : node.icon) + '" alt="" />';
    }
    if (node.url) {
         str += '<a id="s' + this.obj + nodeId + '" class="' + ((this.config.
useSelection) ? ((node._is ? 'nodeSel' : 'node')) : 'node') + '" href="' + node.url + '"';
        if (node.title) str += ' title="' + node.title + '"';
        if (node.target) str += ' target="' + node.target + '"';
        if (this.config.useStatusText) str += ' onmouseover="window.status=\'' + node.
name + '\';return true;" onmouseout="window.status=\'\';return true;" ';
        if (this.config.useSelection && ((node._hc && this.config.folderLinks) || !node._hc))
            str += ' onclick="javascript: ' + this.obj + '.s(' + nodeId + ');"';
            str += '>';
        }
    else if ((!this.config.folderLinks || !node.url) && node._hc && node.pid != this.root.id)
        str += '<a href="javascript: ' + this.obj + '.o(' + nodeId + ');" class="node">';
    str += node.name;
    if (node.url || ((!this.config.folderLinks || !node.url) && node._hc)) str += '</a>';
    str += '</div>';
    if (node._hc) {
        str += '<div id="d' + this.obj + nodeId + '" class="clip" style="display:' +
((this.root.id == node.pid || node._io) ? 'block' : 'none') + ';">';
        str += this.addNode(node);
        str += '</div>';
    }
    this.aIndent.pop();
    return str;
};
//添加空白菜单及横线图标
dTree.prototype.indent = function(node, nodeId) {
    var str = '';
    if (this.root.id != node.pid) {
     for (var n=0; n<this.aIndent.length; n++)
      str += '<img src="' + ( (this.aIndent[n] == 1 && this.config.useLines) ? this.icon.
line : this.icon.empty ) + '" alt="" />';
      (node._ls) ? this.aIndent.push(0) : this.aIndent.push(1);
      if (node._hc) {
      str += '<a href="javascript: ' + this.obj + '.o(' + nodeId + ');"><img id="j' +
this.obj + nodeId + '" src="';
            if (!this.config.useLines) str += (node._io) ? this.icon.nlMinus : this.icon.nlPlus;
            else str += ( (node._io) ? ((node._ls && this.config.useLines) ? this.icon.
minusBottom : this.icon.minus) : ((node._ls && this.config.useLines) ? this.icon.plusBottom :
```

```
this.icon.plus ) );
                str += '" alt="" /></a>';
        } else str += '<img src="' + ( (this.config.useLines) ? ((node._ls) ? this.icon.
joinBottom : this.icon.join ) : this.icon.empty) + '" alt="" />';
    }
    return str;
};
//添加包含子菜单项的复选框
dTree.prototype.setCS = function(node) {
    var lastId;
    for (var n=0; n<this.aNodes.length; n++) {
        if (this.aNodes[n].pid == node.id) node._hc = true;
        if (this.aNodes[n].pid == node.pid) lastId = this.aNodes[n].id;
    }
    if (lastId==node.id) node._ls = true;
};
//返回选择的菜单项
dTree.prototype.getSelected = function() {
    var sn = this.getCookie('cs' + this.obj);
    return (sn) ? sn : null;
};
//高亮显示所选择的菜单项
dTree.prototype.s = function(id) {
    if (!this.config.useSelection) return;
    var cn = this.aNodes[id];
    if (cn._hc && !this.config.folderLinks) return;
    if (this.selectedNode != id) {
        if (this.selectedNode || this.selectedNode==0) {
            eOld = document.getElementById("s" + this.obj + this.selectedNode);
            eOld.className = "node";
        }
        eNew = document.getElementById("s" + this.obj + id);
        eNew.className = "nodeSel";
        this.selectedNode = id;
        if (this.config.useCookies) this.setCookie('cs' + this.obj, cn.id);
    }
};
//菜单某一结点打开或关闭
dTree.prototype.o = function(id) {
    var cn = this.aNodes[id];
    this.nodeStatus(!cn._io, id, cn._ls);
    cn._io = !cn._io;
    if (this.config.closeSameLevel) this.closeLevel(cn);
    if (this.config.useCookies) this.updateCookie();
};
//打开或关闭所有菜单结点
dTree.prototype.oAll = function(status) {
    for (var n=0; n<this.aNodes.length; n++) {
        if (this.aNodes[n]._hc && this.aNodes[n].pid != this.root.id) {
            this.nodeStatus(status, n, this.aNodes[n]._ls)
            this.aNodes[n]._io = status;
```

```
        }
    }
    if (this.config.useCookies) this.updateCookie();
};
//打开特定菜单项
dTree.prototype.openTo = function(nId, bSelect, bFirst) {
    if (!bFirst) {
        for (var n = 0; n < this.aNodes.length; n++) {
            if (this.aNodes[n].id == nId) {
                nId = n;
                break;
            }
        }
    }
    var cn = this.aNodes[nId];
    if (cn.pid == this.root.id || !cn._p) return;
    cn._io = true;
    cn._is = bSelect;
    if (this.completed && cn._hc) this.nodeStatus(true, cn._ai, cn._ls);
    if (this.completed && bSelect) this.s(cn._ai);
    else if (bSelect) this._sn = cn._ai;
    this.openTo(cn._p._ai, false, true);
};
//关闭同级结点中的全部菜单项
dTree.prototype.closeLevel = function(node) {
    for (var n = 0; n < this.aNodes.length; n++) {
        if (this.aNodes[n].pid == node.pid && this.aNodes[n].id != node.id && this.aNodes
[n]._hc) {
            this.nodeStatus(false, n, this.aNodes[n]._ls);
            this.aNodes[n]._io = false;
            this.closeAllChildren(this.aNodes[n]);
        }}}
//关闭某结点下的所有子菜单
dTree.prototype.closeAllChildren = function(node) {
    for (var n = 0; n < this.aNodes.length; n++) {
        if (this.aNodes[n].pid == node.id && this.aNodes[n]._hc) {
            if (this.aNodes[n]._io) this.nodeStatus(false, n, this.aNodes[n]._ls);
            this.aNodes[n]._io = false;
            this.closeAllChildren(this.aNodes[n]);
        }}}
//改变菜单项结点状态(打开或关闭)
dTree.prototype.nodeStatus = function(status, id, bottom) {
    eDiv  = document.getElementById('d' + this.obj + id);
    eJoin  = document.getElementById('j' + this.obj + id);
    if (this.config.useIcons) {
        eIcon  = document.getElementById('i' + this.obj + id);
        eIcon.src = (status) ? this.aNodes[id].iconOpen : this.aNodes[id].icon;
    }
    eJoin.src = (this.config.useLines)?
    ((status)?((bottom)?this.icon.minusBottom:this.icon.minus):((bottom)?this.icon.
plusBottom:this.icon.plus)):
```

```
        ((status)?this.icon.nlMinus:this.icon.nlPlus);
        eDiv.style.display = (status) ? 'block': 'none';
};
//清除 Cookie
dTree.prototype.clearCookie = function() {
        var now = new Date();
        var yesterday = new Date(now.getTime() - 1000 * 60 * 60 * 24);
        this.setCookie('co' + this.obj, 'cookieValue', yesterday);
        this.setCookie('cs' + this.obj, 'cookieValue', yesterday);
};
//设置 Cookie
dTree.prototype.setCookie = function(cookieName, cookieValue, expires, path, domain, secure)
{
        document.cookie =
            escape(cookieName) + '=' + escape(cookieValue)
            + (expires ? '; expires=' + expires.toGMTString() : '')
            + (path ? '; path=' + path : '')
            + (domain ? '; domain=' + domain : '')
            + (secure ? '; secure' : '');
};
//获得 Cookie 的值
dTree.prototype.getCookie = function(cookieName) {
        var cookieValue = '';
        var posName = document.cookie.indexOf(escape(cookieName) + '=');
        if (posName != -1) {
            var posValue = posName + (escape(cookieName) + '=').length;
            var endPos = document.cookie.indexOf(';', posValue);
            if (endPos != -1) cookieValue = unescape(document.cookie.substring(posValue, endPos));
            else cookieValue = unescape(document.cookie.substring(posValue));
        }
        return (cookieValue);
};
//以字符串的形状返回打开结点的 ID
dTree.prototype.updateCookie = function() {
        var str = '';
        for (var n=0; n<this.aNodes.length; n++) {
            if (this.aNodes[n]._io && this.aNodes[n].pid != this.root.id) {
                if (str) str += '.';
                str += this.aNodes[n].id;
            }
        }
        this.setCookie('co' + this.obj, str);
};
//判断结点 ID 是否在 Cookie 中
dTree.prototype.isOpen = function(id) {
        var aOpen = this.getCookie('co' + this.obj).split('.');
        for (var n=0; n<aOpen.length; n++)
            if (aOpen[n] == id) return true;
        return false;
```

```
};
//处理浏览器不支持 push 与 pop 的情况
if (!Array.prototype.push) {
    Array.prototype.push = function array_push() {
        for(var i = 0;i < arguments.length;i++)
            this[this.length] = arguments[i];
        return this.length;
    }};
if (!Array.prototype.pop) {
    Array.prototype.pop = function array_pop() {
        lastElement = this[this.length - 1];
        this.length = Math.max(this.length - 1,0);
        return lastElement;
    }};
```

文件 menu01.html,主要定义具体菜单项内容,其参考代码如下:

```
<html>
<head>
    <title>Dtree 树形菜单</title>
    <link rel = "StyleSheet" href = "css/dtree.css" type = "text/css" />
    <script type = "text/javascript" src = "js/dtree.js"></script>
</head>
<body>
<h2>Dtree 树形菜单示例(JS + CSS + HTML)</h2>
<div class = "dtree">
    <p><a href = "javascript: d.openAll();"> open all </a> | <a href = "javascript: d.
closeAll();">close all</a></p>
    <script type = "text/javascript">
        <!--
        d = new dTree('d');
        d.add(0, - 1,'树形菜单示例');
        d.add(1,0,'一级菜单 A','http://www.ntu.edu.cn');
        d.add(2,0,'一级菜单 B','menu01.html');
        d.add(3,1,'结点 1.1','menu01.html');
        d.add(4,0,'一级菜单 C','menu01.html');
        d.add(5,3,'结点 1.1.1','menu01.html');
        d.add(6,5,'结点 1.1.1.1','menu01.html');
        d.add(7,0,'一级菜单 D','menu01.html');
        d.add(8,1,'结点 1.2','menu01.html');
        d.add(9,0,'My Pictures','menu01.html','Pictures...','','','img/imgfolder.gif');
        d.add(10,9,'游长江','menu01.html','Pictures...');
        d.add(11,9,'我的童年','menu01.html');
        d.add(12,0,'Readme','menu01.html','','','img/trash.gif');
        document.write(d);
        //-->
    </script>
</div>
<p>Designed By Mr.Wangcm</p>
</body>
</html>
```

（3）运行效果如图 11-16 所示。

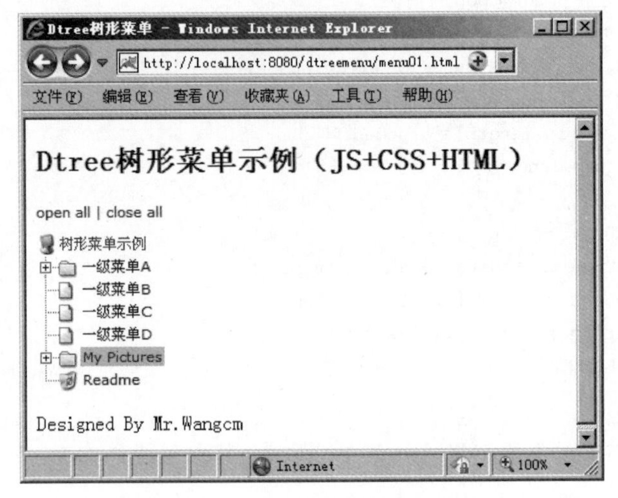

图 11-16 Dtree 树形菜单运行效果

实训任务 4-2

【实训任务】

本实训是在实训任务 4-1 的基础上实现的，从数据库中读取数据，动态地写入菜单项的内容，以满足实际需求。

【设计思路】

仍然利用 dtree.js 和 dtree.css 控制树形菜单的效果，编写几个 Java 类，用于从数据库找出结点信息，并且生成 JavaScript 脚本，供菜单显示页面 dtreemenu.jsp 调用，达到动态获取菜单项内容的目的。

【实验步骤】

（1）在数据库 treemenu 创建 tree 菜单表，有 nodeId、parentId、nodeName、url、title、target、icon、iconOpen、open 等结点信息。这些结点信息含义如下。

① nodeId：表示当前结点的 ID。

② parentId：表示当前结点的父结点的 ID，根结点的值为－1（菜单必须要有一个根结点）。

③ nodeName：结点要显示的文字。

④ url：该结点的超链接。

⑤ title：鼠标移至该结点时显示的文字。

⑥ target：指定单击该结点时在哪个帧中打开超链接。

⑦ icon：结点图标，结点没有指定图标时使用的默认图标。

⑧ iconOpen：结点打开的图标，结点没有指定图标时的默认图标。

⑨ open：结点的打开/关闭状态。

菜单表结构及记录示例如图 11-17 所示。

[表] tree @treemenu (www)

文件(F) 编辑(E) 查看(V) 窗口(W)

导入向导(I) 导出向导(X) 筛检向导 网格视图 表单视图 备注 十六进位 图像 升幂排序

id	pid	name	url	title	target	icon	iconopen	open
0	-1	树形菜单	(Null)	(Null)	_blank	img/imgfolder.gif	img/folderopen.gif	(Null)
1	0	常用网址	http://www.163.com	(Null)	_blank	img/imgfolder.gif	img/folderopen.gif	(Null)
2	0	学院班级	http://www.163.com	(Null)	_blank	img/imgfolder.gif	img/folderopen.gif	(Null)
3	0	班级信息	http://www.163.com	(Null)	_blank	img/imgfolder.gif	img/folderopen.gif	(Null)
4	1	网易	http://www.163.com	(Null)	_blank	img/imgfolder.gif	img/folderopen.gif	(Null)
5	1	雅虎	http://www.yahoo.com	(Null)	_blank	img/imgfolder.gif	img/folderopen.gif	(Null)
6	2	网络工程	http://www.163.com	(Null)	_blank	img/imgfolder.gif	img/folderopen.gif	(Null)
7	2	软件工程	http://210.29.65.153:8080/jsp	(Null)	_blank	img/imgfolder.gif	img/folderopen.gif	(Null)
8	2	计算机科学与技术	http://210.29.65.153:8080/jsp	(Null)	_blank	img/imgfolder.gif	img/folderopen.gif	(Null)
9	3	小花	http://210.29.65.153:8080/jsp	(Null)	_blank	img/imgfolder.gif	img/folderopen.gif	(Null)
10	3	小明	http://210.29.65.153:8080/jsp	(Null)	_blank	img/imgfolder.gif	img/folderopen.gif	(Null)
11	0	JSP Web 资料	http://210.29.65.153:8080/jsp	(Null)	_blank	img/imgfolder.gif	img/folderopen.gif	(Null)

SELECT * FROM `tree` LIMIT 0,1000　　记录 1 / 12 于页 1

图 11-17　用于 Dtree 树形菜单的菜单表示例

生成数据库 treemenu 的脚本文件如下所示。

```
/*
MySQL Data Transfer
Source Host: localhost
Source Database: treemenu
Target Host: localhost
Target Database: treemenu
*/
SET FOREIGN_KEY_CHECKS = 0;
-- ----------------------------
-- Table structure for tree
-- ----------------------------
DROP TABLE IF EXISTS 'tree';
CREATE TABLE 'tree' (
  'id' int(11) NOT NULL auto_increment,
  'pid' int(11) default NULL,
  'name' varchar(100) default NULL,
  'url' varchar(100) default NULL,
  'title' varchar(100) default NULL,
  'target' varchar(30) character set utf8 default '_blank',
  'icon' varchar(100) default NULL,
  'iconopen' varchar(100) default NULL,
  'open' varchar(100) default NULL,
  PRIMARY KEY  ('id')
) ENGINE = InnoDB DEFAULT CHARSET = gb2312;
```

```
-- ----------------------------
-- Records
-- ----------------------------
INSERT INTO 'tree' VALUES ('0', '-1', '树形菜单', null, null, '_blank', 'img/imgfolder.gif','img/
folderopen.gif', null);
INSERT INTO 'tree' VALUES ('1', '0', '常用网址', 'http://www.163.com', null, '_blank', 'img/
imgfolder.gif', 'img/folderopen.gif', null);
INSERT INTO 'tree' VALUES ('2', '0', '学院班级', 'http://www.163.com', null, '_blank', 'img/
imgfolder.gif', 'img/folderopen.gif', null);
INSERT INTO 'tree' VALUES ('3', '0', '班级信息', 'http://www.163.com', null, '_blank', 'img/
imgfolder.gif', 'img/folderopen.gif', null);
INSERT INTO 'tree' VALUES ('4', '1', '网易', 'http://www.163.com', null, '_blank', 'img/imgfolder.
gif', 'img/folderopen.gif', null);
INSERT INTO 'tree' VALUES ('5', '1', '雅虎', 'http://www.yahoo.com', null, '_blank', 'img/
imgfolder.gif', 'img/folderopen.gif', null);
INSERT INTO 'tree' VALUES ('6', '2', '网络工程', 'http://www.163.com', null, '_blank', 'img/
imgfolder.gif', 'img/folderopen.gif', null);
INSERT INTO 'tree' VALUES ('7', '2', '软件工程', 'http://210.29.65.153:8080/jsp', null, '_blank',
'img/imgfolder.gif', 'img/folderopen.gif', null);
INSERT INTO 'tree' VALUES ('8', '2', '计算机科学与技术', 'http://210.29.65.153:8080/jsp', null,
'_blank', 'img/imgfolder.gif', 'img/folderopen.gif', null);
INSERT INTO 'tree' VALUES ('9', '3', '小花', 'http://210.29.65.153:8080/jsp', null, '_blank',
'img/imgfolder.gif', 'img/folderopen.gif', null);
INSERT INTO 'tree' VALUES ('10', '3', '小明', 'http://210.29.65.153:8080/jsp', null, '_blank',
'img/imgfolder.gif', 'img/folderopen.gif', null);
INSERT INTO 'tree' VALUES ('11', '0', 'JSP Web 资料', 'http://210.29.65.153:8080/jsp', null,
'_blank', 'img/imgfolder.gif', 'img/folderopen.gif', null);
```

(2) 使用“实训任务 4-1”中的 dtree.js 和 dtree.css。

(3) 编写如下 Java 类，用于从数据库找出结点信息，并且生成 JavaScript 脚本。

① Dbcon.java 类用于访问数据库，返回连接对象(详细代码略)。

② TreeInfo.java 结点实体类，用于封装结点信息。

③ Createtreejs.java 类，retrieveNodeInfos()方法用于从数据库获取菜单结点信息并返回结点集合 List，createTreeInfo(List alist)方法用于生成树形菜单结点的 JavaScript 脚本。

TreeInfo.java 参考代码如下所示。

```java
public class TreeInfo {
    private int nodeId = -1;
    private int parentId = -1;
    private String nodeName = null;
    private String url = null;
    private String title = null;
    private String target = null;
    private String icon = null;
    private String iconOpen = null;
    private String open = null;
```

Createtreejs.java 参考代码如下所示。

```java
package treeutil;
```

```
import java.util.ArrayList;
import java.util.List;
import java.sql.PreparedStatement;
import java.sql.ResultSet;
import java.sql.Connection;
import dbbean.Dbcon;
public class Createtreejs {
    public static List retrieveNodeInfos(){   //从数据库中获取结点信息存入 List 中
        List coll = new ArrayList();
        try{
            Connection conn = Dbcon.getConnection();
            PreparedStatement ps = null;
            ResultSet rs = null;
            String sql = "select * from tree";
            ps = conn.prepareStatement(sql);
            rs = ps.executeQuery();
            TreeInfo info = null;
            while(rs!= null && rs.next()){
                info = new TreeInfo();
                info.setNodeId(rs.getInt(1));
                info.setParentId(rs.getInt(2));
                info.setNodeName(rs.getString(3));
                info.setUrl(rs.getString(4));
                info.setTitle(rs.getString(5));
                info.setTarget(rs.getString(6));
                info.setIcon(rs.getString(7));
                info.setIconOpen(rs.getString(8));
                info.setOpen(rs.getString(9));
                coll.add(info);
                }
            }catch(Exception e){
                System.out.println(e);
                }
            return coll;
        }
    public static String createTreeInfo(List alist){
    //将 list 中的结点信息转换成 JavaScript 文件(String 字符串)
        StringBuffer contents = new StringBuffer();
        contents.append("< script type = \"text/javascript\">;\n");
        contents.append("\n<! -- ");
        contents.append("\nd = new dTree('d');\n");
        contents.append("d.add(0, - 1,'树形菜单示例');\n");
        TreeInfo info = null;
        for(int max = alist.size(),i = 0;i < max;i++){
            info = (TreeInfo)alist.get(i);
            contents.append("d.add('" + info.getNodeId());
            contents.append("','" + info.getParentId());
            contents.append("','" + info.getNodeName());
            contents.append("','" + info.getUrl());
            contents.append("','" + info.getTitle());
            contents.append("','" + info.getTarget());
```

```
                contents.append("','" + info.getIcon());
                contents.append("','" + info.getIconOpen());
                contents.append("','" + info.getOpen());
                contents.append("');\n");
                }
            contents.append("document.write(d);\n");
            contents.append("// -->");
            contents.append("\n</script>\n");
            return contents.toString();
            }
    //下面是测试时用的。测试时释放注释标记,以 Java Application 运行
   /*
     public static void main(String[]args){
         StringBuffer tree = new StringBuffer();
       tree.append(Createtreejs.createTreeInfo(Createtreejs.retrieveNodeInfos()));
       System.out.println(tree);
     }
    */
}
```

(4) 设计 dtreemenu.jsp 程序进行测试。

dtreemenu.jsp 参考代码如下所示。

```
<%@ page language = "java" import = "java.util.*,treeutil.*" pageEncoding = "utf-8" %>
<% String path = request.getContextPath();
String basePath = request.getScheme() + "://" + request.getServerName() + ":" +
request.getServerPort() + path + "/"; %>
<!DOCTYPE HTML PUBLIC "-//W3C//DTD HTML 4.01 Transitional//EN">
<html>
  <head>
    <base href = "<% = basePath %>">
    <title>带数据库的树形动态菜单示例 -- Dtree</title>
    <link rel = "StyleSheet" href = "css/dtree.css" type = "text/css" />
    <script type = "text/javascript" src = "js/dtree.js"></script>
  </head>
  <body>
   <h2>Dtree 树形菜单示例 -- JS + CSS + 数据库【动态树形菜单】</h2>
   <div class = "dtree">
    <p><a href = "javascript: d.openAll();">open all</a> |
    <a href = "javascript: d.closeAll();">close all</a></p>
    <% = Createtreejs.createTreeInfo(Createtreejs.retrieveNodeInfos()) %>
    </div>
    <p>Designed By Mr.Wangcm</p>
  </body>
</html>
```

(5) 运行 treemenu.jsp 程序,效果如图 11-18 所示。

(6) 对照上述示例,编写一个实际项目,要求有带验证码的登录及动态树形菜单控制效果。

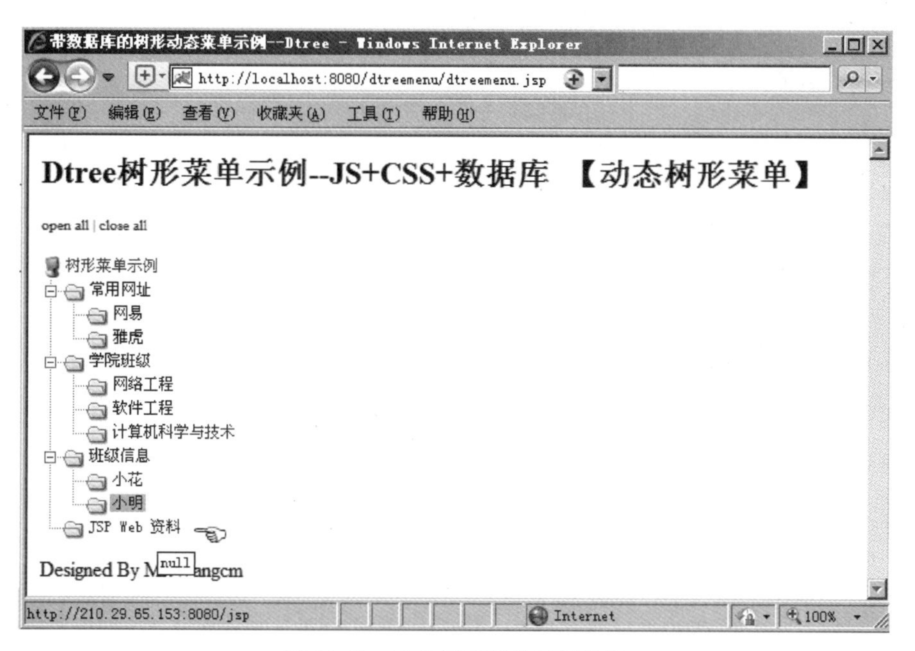

图 11-18　动态树形菜单运行效果

项目实训 5　使用 FreeMaker 自动生成 Word 文档

在做实际项目时，往往需要在项目中动态生成 Word 文档，文档中部分内容需要由数据库提供。Java 语言结合 FreeMaker 技术可方便地解决这类问题。FreeMarker 是一个用 Java 语言编写的模板引擎，它可以基于模板来生成文本输出，不仅可以用作表现层的实现，而且还可以用于生成 XML、JSP、Java 等。

FreeMarker 的工作原理是用 Word 编辑一个模板文件，模板文件的制作是在普通 DOC 文件的基础上，对需要改变内容的地方放置 FreeMarker 标记，标记格式为"${var}"，以 FTL 为后缀名保存该文件即得到 FTL 模板文件。由 Java 程序提供要标记进行替换的数据，借助 FreeMarker 组件即可将数据插入模板文件中，最终生成输出文档。其工作原理如图 11-19 所示。

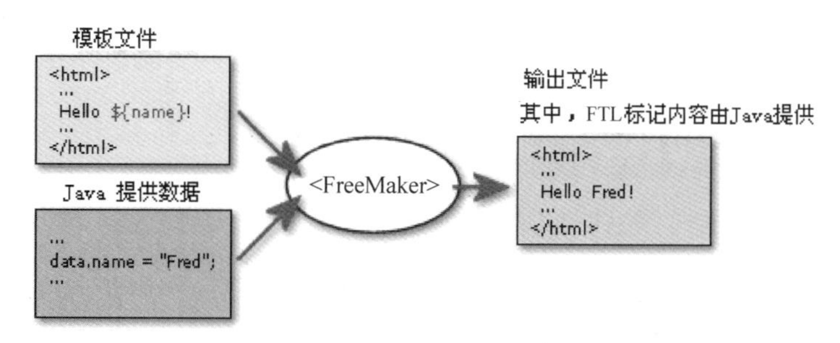

图 11-19　FreeMaker 模板文件工作原理

【实训任务】

使用 FreeMaker 技术，自动生成“录取通知书”Word 文档，“录取通知书”中的姓名、专业等信息从数据库中读取。

【实验步骤】

(1) 利用 Word 编辑一个录取通知书的模板文件，先将之另存为 XML 格式，再将该 XML 文件存放到 MyEclipse 工程项目 src/doc 目录下，模板文件编辑预览效果如图 11-20 所示。

录 取 通 知 书

${name}** 同学，经省招生委员会批准，你被我校 **${project} 专业录取，请凭此通知书于 9 月 1 日来学校报到。

图 11-20 模板文件示例

(2) 在 MyEclipse 中打开 tzs. xml，将第一行中的 encoding="UTF-8"改为 encoding="GBK"，以 ftl 为后缀名(tzs. ftl)，将该文件另存在相同目录中，工程目录结构局部如图 11-21 所示。

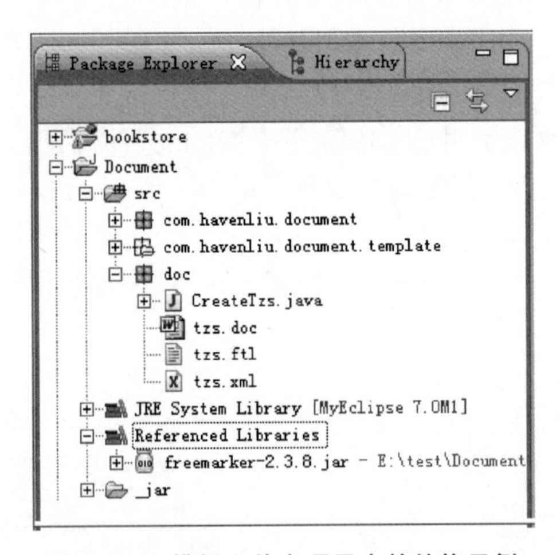

图 11-21 模板文件在项目中的结构示例

(3) 在 src/doc 目录下新建 createTzs. java 程序，该程序的作用是向模板文件中提供数据，并输出新生成的 Word 文件。

createTzs. java 参考代码如下所示。

```
package doc;
import java.io.BufferedWriter;
```

```
import java.io.File;
import java.io.FileNotFoundException;
import java.io.FileOutputStream;
import java.io.IOException;
import java.io.OutputStreamWriter;
import java.io.Writer;
import java.util.HashMap;
import java.util.Map;
import freemarker.template.Configuration;
import freemarker.template.Template;
import freemarker.template.TemplateException;
public class CreateTzs {
private Configuration configuration = null;
public CreateTzs() {
    configuration = new Configuration();
    configuration.setDefaultEncoding("GBK");
}
public void createDoc() {
    //获取要填入模板的数据文件
    Map<String,Object> dataMap = new HashMap<String,Object>();
    getData(dataMap);
    /*设置模板装载方法和路径,FreeMarker 支持多种模板装载方法。可以从 servlet 和
classpath 数据库装载,这里的模板是放在/doc 包下面*/
    configuration.setClassForTemplateLoading(this.getClass(),"/doc");
    Template tmpl = null;                        //模板对象 tmpl
    try {
        tmpl = configuration.getTemplate("tzs.ftl"); //tzs.ftl 为要装载的模板文件
    } catch (IOException e) {
        e.printStackTrace();  }
    String outfilename = "录取通知书.doc";          //设置输出 Word 文档名称
    File outFile = new File("D:/temp/" + outfilename);//输出文档路径及名称
    Writer out = null;
    try {
          out = new BufferedWriter(new OutputStreamWriter(new FileOutputStream(outFile)));
        } catch (FileNotFoundException e1) {
                e1.printStackTrace();}
        try {
           tmpl.process(dataMap, out); }           //模板 tmpl + 数据 dataMap = 输出文档
          catch (TemplateException e) {e.printStackTrace();}
        catch (IOException e) {e.printStackTrace();}
    }
/**
 * 注意 dataMap 中存放的数据 Key 值要与模板中的参数相对应
 * @param dataMap
 */
private void getData(Map<String,Object> dataMap)     //该方法向 Map 容器填写数据
 {    String  name = "卫戍军";
      String  proj = "计算机信息科学与技术";
      dataMap.put("name", name);
      dataMap.put("project",proj);
```

```
    }
public static void main(String[] args) {
    CreateTzs ct = new CreateTzs();                    //创建 CreateTzs 对象 ct
    ct.createDoc();                //调用 ct 对象的 createDoc()方法,最终完成 Word 文档生成
}
}
```

（4）运行 createTzs.java 程序，可在文件夹 D:\temp\中看到输出的文档“录取通知书.doc”。打开后效果如图 11-22 所示。

录 取 通 知 书

卫成军 同学，经省招生委员会批准，被我校计算机信息科学与技术 专业录取，请凭此通知书于9月1日来学校报到。

图 11-22　自动生成的文档效果

（5）参考上述示例，编写基于 JSP Web 的 Word 文档生成应用项目，应用文档自行确定，模板文件中的替换内容从数据库中获取。

项目实训 6　JSP 分页显示

在 JSP 页面中，访问数据库并读取一个数据结果集时，如果记录数太多，一方面，会因会占用服务器的大量内存而造成服务器负荷过重，数据传输和显示速度缓慢得令人难以忍受；另一方面，一个 JSP 页面展示空间是有限的，不可能列出所有的数据库记录，一次传输所有的数据到客户端也不合理。因此，当检索的数据结果很多时，通常需要分页显示数据，并要提供翻页功能。

在 JSP 开发中，实现分页的方法有很多种，每种方法都有其特点。

方法 1：在 JSP 页面中直接分页。这种方法将分页代码统一编写在 JSP 页面中，开发简单，但在页面较多时维护复杂。

方法 2：在 Servlet 中实现分页。这种方法采用 JSP＋Servlet 开发，页面显示代码和控制代码相分离。

方法 3：在 JavaBean 中实现分页。这种方法采用 JSP＋JavaBean 开发，页面显示代码和业务逻辑代码相分离。

上述几种分页方法都是基于 ResultSet 里的数据来分页，存在性能和资源占用等问题。结合不同的数据库的特点和功能可以设计性能良好、占用资源较少的分页程序。

【实训目的】

通过实验，了解使用不同的方式在 JSP 中分页的设计思路和具体实现。

实训任务 6-1

【实训任务】

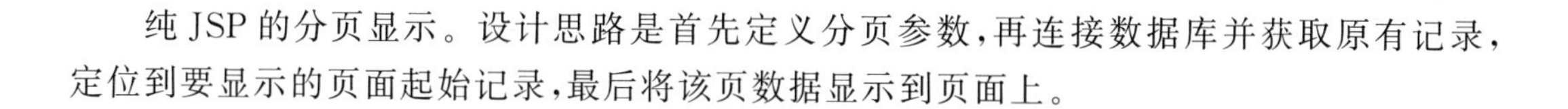

纯JSP的分页显示。设计思路是首先定义分页参数，再连接数据库并获取原有记录，定位到要显示的页面起始记录，最后将该页数据显示到页面上。

【实验步骤】

(1) 准备数据库。

数据库stu脚本文件如下所示。

```
SET FOREIGN_KEY_CHECKS = 0;
CREATE TABLE 'student' (
  'id' varchar(255) DEFAULT NULL,
  'name' varchar(255) DEFAULT NULL,
  'sex' varchar(255) DEFAULT NULL,
  'class' varchar(255) DEFAULT NULL
) ENGINE = InnoDB DEFAULT CHARSET = utf8mb4;
INSERT INTO 'student' VALUES ('1213132019', '单烨', '男', '网络工程');
INSERT INTO 'student' VALUES ('1213132020', '宋睿', '男', '网络工程');
INSERT INTO 'student' VALUES ('1213132021', '徐佳熠', '男', '网络工程');
INSERT INTO 'student' VALUES ('1213132022', '顾肖锐', '男', '网络工程');
```

(2) 设计纯JSP的分页程序page.jsp。

page.jsp参考代码如下所示。

```
<%@ page language = "java"  import = "java.sql.*, java.io.*, java.util.*, java.sql.
SQLException" %>
<%@ page contentType = "text/html;charset = UTF-8" %>
<html>
<body>
<%
    //把经常需要修改的数据放在最上面,以方便修改
    String username = "root";                       //数据库用户名
    String password = "123";                        //数据库密码
    ResultSet rs = null;                            //数据库查询结果集
    Connection conn = null;
    Statement stmt = null;
    int intPageSize = 5;                            //一页显示的记录数
    int intRowCount;                                //记录总数
    int intPageCount;                               //总页数
    int intPage;                                    //待显示页码号
    java.lang.String strPage;
    int i;
    //取得待显示页码
    strPage = request.getParameter("page");
```

```
    if(strPage == null)
     {
       intPage = 1;                    //如果在 request 中没有 page 这个参数则显示第一页数据
     }
    else
    {
      intPage = java.lang.Integer.parseInt(strPage);  //将字符串转换成整型
      if(intPage < 1)intPage = 1;
    }
    //注册驱动程序
    try
    {
      Class.forName("org.gjt.mm.mysql.Driver");
    }catch(java.lang.ClassNotFoundException e)
    {
      System.err.println("Driver Error" + e.getMessage());
    }
    //连接数据库并创建 Statement 对象
    String url = "jdbc:mysql://localhost:3306/stu?useUnicode = true&characterEncoding = UTF8";
    try
    {
    conn = DriverManager.getConnection(url,username,password);
    stmt = (Statement)conn.createStatement();
    }catch(Exception e)
    {
      System.err.println("数据库连接错误:" + e.getMessage());
    }
    //通过 Statement 执行 SQL 语句来获取查询结果
    try
    {
    rs = (ResultSet)stmt.executeQuery("select * from student");
    }catch(SQLException ex)
    {
       System.err.println("数据库查错误:" + ex);
    }
%>
<%
    //获取记录总数
    rs.last();
    intRowCount = rs.getRow();
    //计算总页数
    intPageCount = (intRowCount + intPageSize - 1)/intPageSize;
    //调整待显示的页码
    if(intPage > intPageCount)intPage = intPageCount;
%>
<div align = "center">
  <font color = "#000000" size = "8">纯 JSP 的分页显示效果</font>
</div><br>
<table width = 85% border = 1>
  <tr>
     <td>学号</td>
```

```
        <td>姓名</td>
        <td>性别</td>
        <td>班级</td>
    </tr>
  <% if(intPageCount > 0)
      {
        //将记录指针定位到待显示页的第一条记录上
        rs.absolute((intPage - 1) * intPageSize + 1);
        //显示数据
        i = 0;
        while(i < intPageSize&&!rs.isAfterLast())
        {
  %>
  <tr>
     <td><% = rs.getString("id") %></td>
     <td><% = rs.getString("name") %></td>
     <td><% = rs.getString("sex") %></td>
     <td><% = rs.getString("class") %></td>
  </tr>
  <%
       rs.next();
       i++;
       }
       }
  %>
  </table>
  第<% = intPage %>页 共<% = intPageCount %>页
  <% if(intPage > 1){ %><a href = "page.jsp?page = <% = intPage - 1 %>">上一页</a><% } %>
  <% if(intPage < intPageCount){ %><a href = "page.jsp?page = <% = intPage + 1 %>">下一页</a>
  <% } %>
  <%
  //关闭结果集
    rs.close();
    stmt.close();
    conn.close();
     %>
  </body>
  </html>
```

(3) 运行 page.jsp 分页程序，效果如图 11-23 所示。

这种方式的优点显而易见，直观，结构简单，易于理解，比较灵活，可以自由地根据不同的实际情况指定一个页面中最多显示的记录数。

其缺点同样明显，这种 JSP 分页技术是针对 ResultSet 数据集里的数据来分页。ResultSet 数据集实际上是一个数据缓冲区，需要耗费内存。这种方式只适合对单一的或极少量的结果集进行分页，实现分页的代码也不能被重用，需要为每个结果集的显示写入实现分页的代码段。因此，这种方式不适宜用来实现数据量大、数据表多的结果集分页显示。

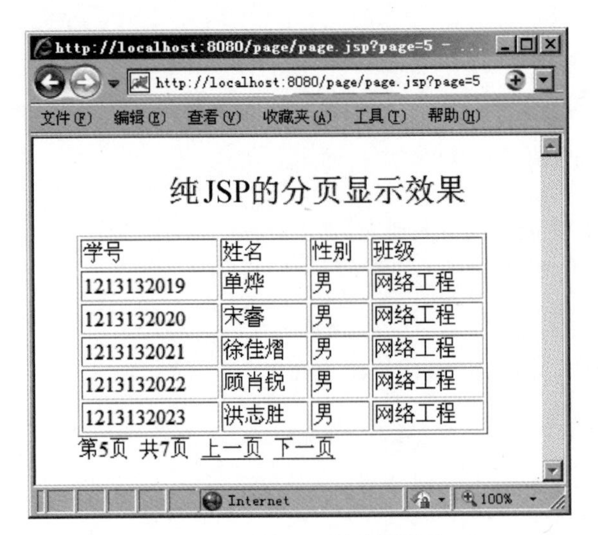

图 11-23　纯 JSP 的分页效果

实训任务 6-2

【实训任务】

利用 Servlet 实现分页。设计思路是在服务器端的 Servlet 中实现分页，并且利用 MySQL 的分页查询功能实现数据分页检索，最后 JSP 调用 Java Servlet 的当前页检索结果进行显示。

MySql 分页查询的基本语法如下所示。

```
select id,name from test limit 参数 1,参数 2;  //参数 1 从第几条开始; 参数 2 返回多少条记录
```

Java Web 中实现分页查询的具体例句如下所示。

```
select * from tableName limit (pageNow-1) * pageSize, pageSize
```

其中，pageNow 表示当前页码，pageSize 为每页显示的记录数。

【实验步骤】

(1) 准备数据库(这里以学生表为例，同实训任务 6-1)。

(2) 编写数据库连接工具类 Dbcon.java，其中，提供获取数据库连接对象的方法是 getConn()。

(3) 编写 Servlet(UserAction.java)，并在 web.xml 中注册。

UserAction.java 这个 Servlet 的主要方法如下。

① public int getTotalPage()方法根据每页行数计算出总页数。

② public List < Student > getAllData(int cur)方法从数据库中获取指定页号的那一页

数据记录。

③ public void doPost()方法首先接收请求中的当前页号参数,再调用 List<Student> getAllData(int cur)方法获得当前页的数据集合 List<Student>,调用 getTotalPage()方法获得总页数。将当前页的数据集合 List 和总页数两个参数经 request 转发到显示页面 pagelist.jsp。

UserAction.java 参考代码如下所示。

```
package servlet;
import java.io.IOException;
import java.sql.Connection;
import java.sql.PreparedStatement;
import java.sql.ResultSet;
import java.sql.SQLException;
import java.util.ArrayList;
import java.util.List;
import javax.servlet.RequestDispatcher;
import javax.servlet.ServletException;
import javax.servlet.http.HttpServlet;
import javax.servlet.http.HttpServletRequest;
import javax.servlet.http.HttpServletResponse;
import bean.*;
public class UserAction extends HttpServlet {
      private static final int DATA_PER_PAGE = 5;
      public UserAction() {
        super();
      }
      public void destroy() {
        super.destroy();
      }
      public void doGet(HttpServletRequest request, HttpServletResponse response)
          throws ServletException, IOException {
        doPost(request, response);
      }
      public void doPost(HttpServletRequest request, HttpServletResponse response)
          throws ServletException, IOException {
        String cur = (String)request.getParameter("cur");
        List<Student> stu = new ArrayList<Student>();
        stu = new UserAction().getAllData(Integer.parseInt(cur));
        int totalPage = new UserAction().getTotalPage();
        request.setAttribute("studes", stu);
        request.setAttribute("totalPage", totalPage);

        RequestDispatcher rd = request.getRequestDispatcher("pagelist.jsp");
        rd.forward(request, response);
      }
      public void init() throws ServletException {
      }
      public int getTotalPage(){
        Connection conn = null;
```

```
    PreparedStatement pstmt = null;
    ResultSet rs = null;
    String sql = "";
    int count = 0;
    try {
      sql = "select count( * ) from student";
      conn = Dbcon.getConn();
      pstmt = conn.prepareStatement(sql);
      rs = pstmt.executeQuery();
      while(rs.next()){
        count = rs.getInt(1);
      }
      count = (int)Math.ceil((count + 1.0 - 1.0) / DATA_PER_PAGE);
    } catch (Exception e) {
      e.printStackTrace();
    }finally{
      try {
        Dbcon.close(rs);
        Dbcon.close(pstmt);
        Dbcon.close(conn);
      } catch (SQLException e) {
        e.printStackTrace();
      }
    }
    return count;
  }
  public List<Student> getAllData(int cur){
    List<Student> list = new ArrayList<Student>();
    Connection conn = null;
    PreparedStatement pstmt = null;
    ResultSet rs = null;
    String sql = "";
    try {
      sql = "select * from student where 1 limit ?,?";
      conn = Dbcon.getConn();
      pstmt = conn.prepareStatement(sql);
      pstmt.setInt(1, (cur - 1) * DATA_PER_PAGE);
      pstmt.setInt(2, DATA_PER_PAGE);
      rs = pstmt.executeQuery();
      while(rs.next()){
        Student stu = new Student();
        stu.setId(rs.getString(1));
        stu.setName(rs.getString(2));
        stu.setSex(rs.getString(3));
        stu.setClas(rs.getString(4));
        list.add(stu);
      }

    } catch (Exception e) {
      e.printStackTrace();
    }finally{
```

```
            try {
                Dbcon.close(rs);
                Dbcon.close(pstmt);
                Dbcon.close(conn);
            } catch (SQLException e) {
                e.printStackTrace();
            }
        }
        return list;
    }
    //Servlet 测试
    public static void main(String[ ] args) {
        System.out.println("总页数: " + new UserAction().getTotalPage() + "第 3 页的内容是: ");
        List<Student> list = new ArrayList<Student>();
        list = new UserAction().getAllData(3);
        for (Student stu : list) {
            System.out.println(stu.getName());
        }
    }
}
```

(4) 编写 Web 页面测试程序(pagelist.jsp)。

pagelist.jsp 参考代码如下所示。

```
<%@ page language="java" import="java.util.*" pageEncoding="UTF-8" %>
<%@taglib uri="http://java.sun.com/jsp/jstl/core" prefix="c" %>
<!DOCTYPE HTML PUBLIC "-//W3C//DTD HTML 4.01 Transitional//EN">
<html>
  <head>
    <title>JSP + Servlet + JDBC 实现数据分页显示示例</title>
  </head>
  <body>
    <H3>JSP + Servlet + JDBC 实现数据分页显示示例</H3>
    <c:if test="${param.cur == null}">
        <jsp:forward page="UserAction?cur=1"></jsp:forward>
    </c:if>
    <c:forEach items="${requestScope.studes}" var="p">
          ${p.id} ${p.name} ${p.sex} ${p.clas} <br>
    </c:forEach><p>
    <c:if test="${param.cur == 1}"><a>首页</a><a>上一页</a></c:if>
    <c:if test="${param.cur != 1}">
      <a href="UserAction?cur=1">首页</a>
      <a href="UserAction?cur=${param.cur - 1}">上一页</a>
    </c:if>
    <c:if test="${param.cur == requestScope.totalPage}">
        <a>下一页</a><a>尾页</a>
    </c:if>
    <c:if test="${param.cur != requestScope.totalPage}">
        <a href="UserAction?cur=${param.cur + 1}">下一页</a>
        <a href="UserAction?cur=${requestScope.totalPage}">尾页</a>
   </c:if>
```

```
        [当前第${param.cur}页/总共${requestScope.totalPage}页]
    </body>
</html>
```

（5）在浏览器地址栏输入 URL，pagelist.jsp 数据分页程序运行效果如图 11-24 所示。

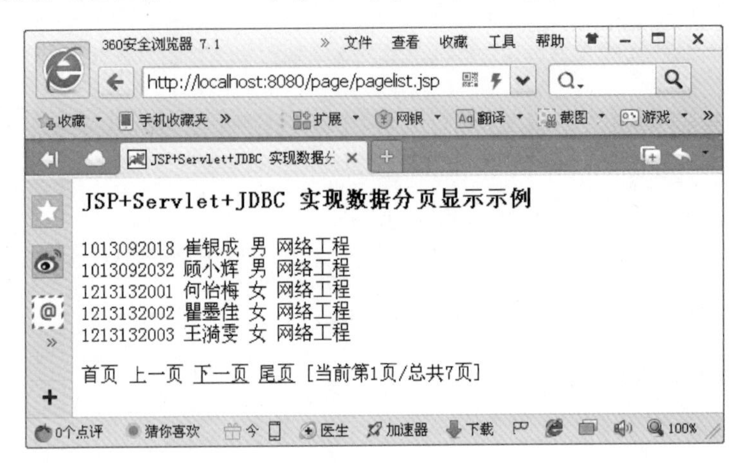

图 11-24　pagelist.jsp 数据分页运行效果

实现分页技术的关键在于获得当前页面的数据。因此，只要能够编写获得当前页数据的 SQL 查询语句，就可以完成 JSP 页面分页了。对于大数据量查询来说，依赖 ResultSet 方式的分页方法在很多时候都是行不通的。一些大型的数据库管理系统都支持数据库的 SQL 分页检索，故可以充分利用各种大型数据库的 SQL 特性和高级功能来分页。

（6）拓展实验：编写 JSP 程序，使用 JavaBean 实现数据分页。

（7）提高训练：编写一个“万能”的 JSP 分页显示程序，可以由用户定义需要检索的表格、字段及每页记录行数等参数。“万能”分页技术相对复杂一些，其实质上是针对不同的表、不同的查询 SQL 语句采用可完全复用的代码实现分页，非常灵活，具有很强的通用性。实现的关键在于动态地获得对结果集中字段的描述性信息，并将结果集的数据以 HTML 形式返回。

项目实训 7　高校毕业设计(论文)管理系统

毕业设计是实现大学本科培养目标的一个重要教学环节，是使学生将所学基础理论、专业知识与技能，加以综合、融会贯通并进一步深化应用于实际的一项基本训练，是使学生综合运用所学知识和技能，理论联系实际，独立分析和解决问题，为从事工程技术、经济管理和科学研究工作进行的基本训练过程。

这里介绍一种实用的毕业设计(论文)管理系统实训项目，已在综合性大学实际投入使用，性能稳定，使用方便。

【实训任务】

设计一套实用的高校毕业设计(论文)管理系统。

【实训步骤】

1. 需求分析

毕业设计管理系统的关键问题是解决指导教师课题与学生的匹配，要满足双向选择的原则，这样才能让学生选到适合自己技术特点的课题与导师。本系统借鉴高考招生的录取模式，首先由教师报题，相当于高校申报招生计划；由学生填报3个批次的选题志愿，相当于高考学生填报各批次的高考志愿；教师按批次录取学生，这里的录取原则应该由教师选择技术特长更适合该课题的学生。这个过程有严密的逻辑控制。

系统主要包括教师模块、学生模块、教务员模块及管理模块。

(1) 系统主要功能如下。

① 教师、学生个人信息维护。

② 教师课题申报、课题维护。

③ 学生选题。

④ 教师按批次录取学生。

⑤ 毕业设计相关文档(模板)的自动生成。

⑥ 毕业设计的相关文档的上传与下载。

⑦ 教学秘书对各类相关信息进行汇总、查询、维护、输出等。

(2) 在系统中，毕业设计的所有相关文档模板(立题卡、任务书、开题报告、中期检查表、毕业设计论文、成绩评定表等)均应能在通用模板的基础上自动从数据库获取教师姓名、课题名称、学生姓名等信息。这样，就保证了文档中的基本信息始终一致，准确无误。

(3) 系统采用基于角色的访问控制(role-based access control，RBAC)进行访问权限控制。在RBAC中，用户与角色关联，角色与权限相关联，系统为用户分配某个角色，从而使用户拥有相应角色权限。用户角色有教师、学生、教务员、各级领导等。

用户登录后，系统根据用户的角色获取相应的权限(菜单ID集合)，提供相应的功能菜单以高亮可用状态显示，其他不可使用的功能菜单则被设为灰色。其运行效果如图11-25所示。

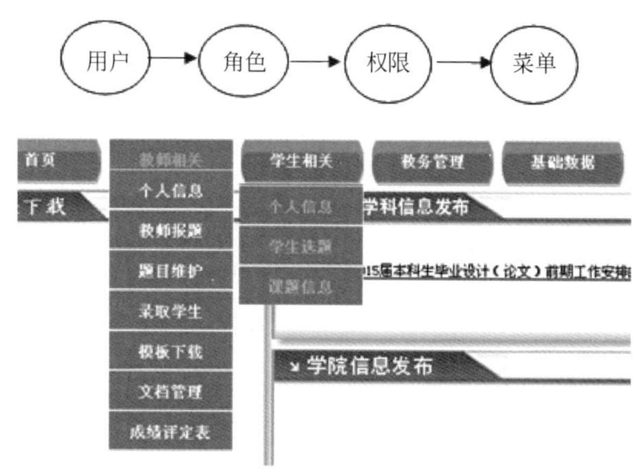

图 11-25 系统主要功能示例

(4) 系统工作基本流程,如图 11-26 所示。

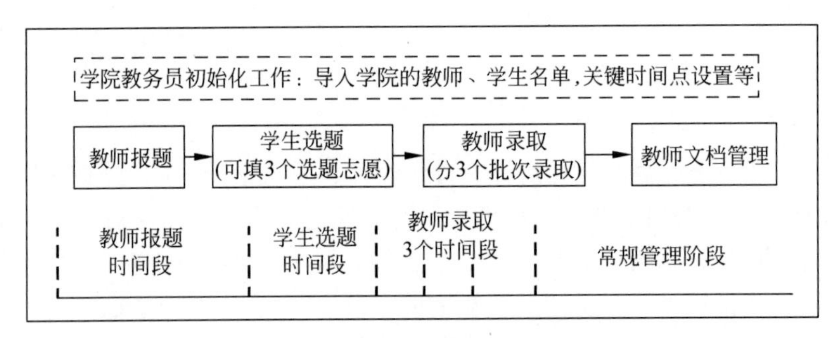

图 11-26 系统工作基本流程示意图

系统由各院系教务员分别对本单位进行初始化,包括各院系毕业设计时间段设置、将各院系教师名单和学生名单的 Excel 文件导入数据库等。

导入的教师名单和学生名单的原始文件均为 Excel 格式。Excel 表格式可参考系统下载的示例表。各单位教师名单只需导入一次,以后这些名单还在,只需做一些维护即可。应届毕业学生名单必须每年重新导入。

系统主要业务体现在教师报题、学生选题和教师录取学生 3 个阶段。

对于上传文档的管理,系统自动将各院系建立独立的目录,并且在各院系目录中每个指导教师也自动建立一个目录,用于保存该教师名下的毕业设计文档。

2. 数据库设计

系统数据库名称为 bysj,含有 8 个数据表,表名、意义和作用如表 11-2 所示。

表 11-2 系统数据库中各个表的表名、意义和作用

表名	意 义	作 用
college	学院表	全校各院系清单及各院系基本参数设定
teacher	教师表	全校各院系教师名单
student	学生表	全校各院系毕业设计学生名单
item	教师报题记录表	全校各院系教师报题记录
menu	菜单表	系统功能菜单
menurole	角色菜单表	用于分配角色所拥有的菜单 ID
userrole	用户角色表	用于存储用户角色名称
news	通知新闻表	用于存储全校发布的新闻通知报题及对应的文件名,这些文件存储于指定的目录

各数据库表结构描述如表 11-3～表 11-10 所示。

表 11-3 学院表(college)

字 段 名	数 据 类 型	描 述
Id	int(4),主键	学院 ID
Name	varchar (50)	学院名称
Lxr	varchar (50)	学院联系人
FirstSeleStuTime	datetime	一志愿录取截止时间,学生选题结束后即进入一志愿录取阶段

续表

字段名	数据类型	描述
SecondSeleStuTime	datetime	二志愿录取截止时间
ThirdSeleStuTime	datetime	三志愿录取截止时间
ItemApplyEndtime	datetime	教师报题结束时间，以后不得删除课题
StuSeleStarttime	datetime	学生选题开始时间
StuSeleEndtime	datetime	学生选题结束时间
RAEndtime	datetime	学院答辩结束时间，以后不得修改课题

表 11-4　教师表（teacher）

字段名	数据类型	描述
Id	int(4)，主键	ID
Name	varchar(10)	教师姓名
Sex	varchar(1)	性别
ZhiCheng	varchar(5)	职称
CollegeId	int(11)	学院 ID
Username	varchar(10)	用户名
Password	varchar(10)	密码
Schdept	varchar(50)	系、部名称
MaxStus	int(11)	限带人数
UserRoleId	int(11)	角色 ID
Tele	varchar(20)	联系电话
Email	varchar(50)	邮箱
QQ	varchar(15)	QQ
Memo	varchar(200)	个人简介
GroupNum	int(11)	答辩组编号
GroupMark	int(1)	是否答辩组长

表 11-5　学生表（student）

字段名	数据类型	描述
Id	int(11)，主键	学号 ID
Name	varchar(10)	学生姓名
Sex	varchar(1)	性别
Class	varchar(20)	所在班级
Type	varchar(4)	普本、独立学院
Project	varchar(20)	专业
CollegeId	int(11)	学院 ID
Password	varchar(20)	密码
UserRoleId	int(11)	角色 ID
Qualification	varchar(3)	毕业设计资格
Tele	varchar(20)	联系电话
QQ	varchar(15)	QQ
Email	varchar(50)	邮箱
Memo	varchar(200)	备注
FinalItemId	int(11)	最终课题 ID 号

续表

字　段　名	数 据 类 型	描　　述
FirstItemId	int(11)	一志愿 ID 号
SecondItemId	int(11)	二志愿 ID 号
ThirdItemId	int(11)	三志愿 ID 号

表 11-6　教师报题记录表(item)

字　段　名	数 据 类 型	描　　述
Id	int(11),主键	题目 ID
TeacherId	int(11)	教师 ID
Title	varchar(80)	题目名称
Requirment	text	课题对学生的要求
ItemContent	text	课题内容简介
PreSnoId	int(11)	预约学号
Source	varchar(35)	来源
Type	varchar(35)	课题类型
DocFlag	char(7)	文档按位标志
AudOpinion	varchar(200)	审题意见
Score	varchar(10)	成绩
RemarkJs	varchar(200)	指导教师评语
RemarkPy	varchar(200)	评阅教师评语
RemarkDb	varchar(200)	答辩组评语

表 11-7　菜单表(menu)

字　段　名	数 据 类 型	描　　述
Id	int(11),主键	Id
Name	varchar(100)	菜单名称
Menuurl	varchar(200)	菜单资源页面

表 11-8　角色菜单表(menurole)

字　段　名	数 据 类 型	描　　述
Id	int(11),主键	Id
MenuId	int(11)	菜单 Id
RoleId	int(11)	角色 Id

表 11-9　用户角色表(userrole)

字　段　名	数 据 类 型	描　　述
Id	int(11),主键	Id
RoleName	varchar(8)	角色名称
Type	varchar(20)	角色分类

表 11-10 通知新闻表(news)

字段名	数据类型	描述
Id	int(11),主键	Id
CollegeId	int(11)	学院 ID
Title	varchar(50)	新闻通知题目
NewsInfo	text	新闻通知文件名
Time	date	新闻通知文件上传日期

3. 详细设计

(1) 教师相关模块详细设计。

该模块提供了教师个人信息、教师报题、题目维护、录取学生、模板下载、文档管理、成绩评定表等功能。

教师的用户名格式为"学院号+教师号",这样做是为了方便教师跨学院指导学生,该教师可在相应学院拥有相应的登录账号。为防止学院号出错,在教务员初始化导入名单时,教师名单 Excel 表中的登录账号一栏只需教师号,前面的学院号由系统导入时自动添加。

① 个人信息子功能模块,如图 11-27 所示。

图 11-27 教师个人信息查看与修改

② 教师报题子功能模块。

教师报题时应尽量将课题要求、题目简介等填写完整。这些信息将在"模板下载"菜单下自动合成到立题卡中。

教师报题时可预约学生,这样可提高命中率,但预约的学生仍然要参加选题,并且在选题时要将预约的题目放在第一志愿,教师在录取阶段可根据预约情况和学生实际选题情况录取,如图 11-28 所示。

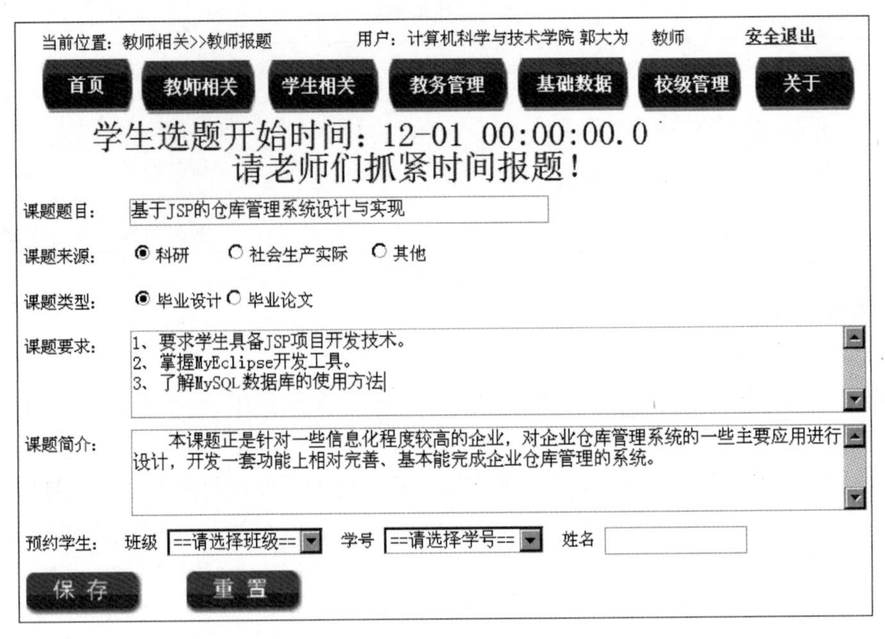

图 11-28　毕业设计报题页面

③ 题目维护子模块。

教师报题后，可对所报课题进行修改或删除操作，但在学院设置的报题结束时间后就不应允许删除题目了，只可以修改题目。题目维护选择“操作”栏下的“编辑”图标进入修改页面，如图 11-29 所示。

当前位置：教师相关>>题目维护　　用户：计算机科学与技术学院 张友善　教师　　安全退出

首页　教师相关　学生相关　教务管理　基础数据　校级管理　关于

编号	部门	教师	课题名称	类型	来源	预约学生	确定学生	操作
1	行政	张友善	网上荣誉室的设计与研究	毕业设计	科研	曹龙	孙 梅	
2	行政	张友善	一种数字语音识别系统的设计与实现	毕业设计	科研		陶聪	
3	行政	张友善	图像灰度基本处理的研究	毕业设计	科研			

图 11-29　题目维护页面

④ 录取学生子模块。

学生选题后，教师在学院设置的 3 个批次时间段中分别录取 3 个批次的志愿，如不在录取时间段则不可录取。

如在相应的录取时间段，则应显示该志愿时间段可供录取的学生列表，供教师录取。例如，录取第一志愿时，教师只能看到第一志愿填报该课题的所有学生，此阶段填报该课题的第二和第三志愿的学生是教师看不到的。录取第二志愿或第三志愿时，教师也只能看到填报相应志愿批次且尚未被录取的学生。这样的逻辑控制保证了不会出现重复录取或漏录取的情况。

3 个批次志愿录取完毕后，仍未落实课题的学生应由教务员或系部主任通过系统统一分配课题。

第一志愿录取时的页面如图 11-30 所示。

已经确定学生的课题有

序号	申报人	课题名称	类型	来源	预约学生	确定学生	操作	
1	张友善	网上荣誉室的设计与研究	毕业设计	科研	曹龙	孙红	更换学生	取消录取
2	张友善	一种数字语音识别系统的设计与实现	毕业设计	科研		陶	更换学生	取消录取
3	张友善	无线传感器网络安全策略研究	毕业设计	科研		季晓	更换学生	取消录取

图 11-30 第一志愿录取时的页面

第二志愿录取时的页面如图 11-31 所示。

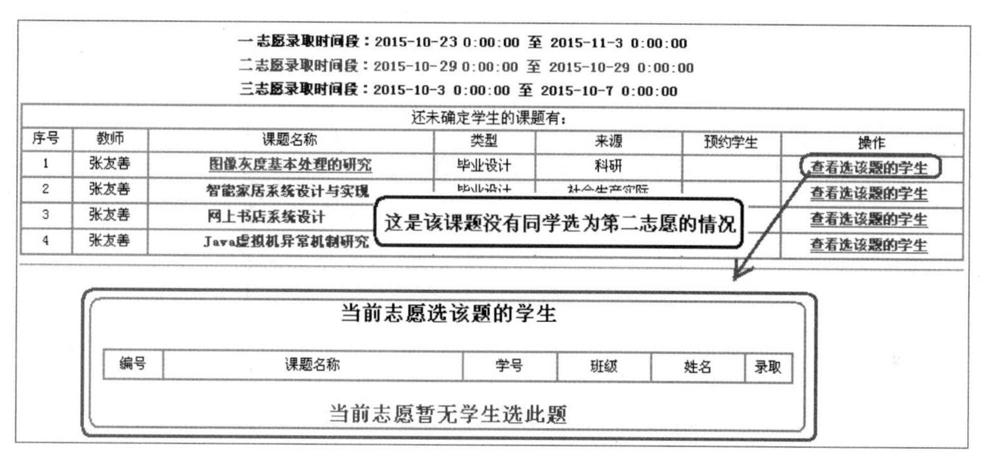

图 11-31 第二志愿录取时的页面

⑤ 模板下载。

该项可以将课题申报时的信息、所选课题的学生名单、教师名单等结合学校的文档格式样板自动生成相应的文档模板，文档的自动生成采用了 FreeMaker 插件实现，参见项目实训 5“使用 FreeMaker 自动生成 Word 文档”。

在自动生成的立题卡文档模板中，圈中的内容是系统自动填入的。其他文档的模板也将自动填入相应信息，供教师和学生在文档模板上完善其他内容，如图 11-32 所示。指导教师可通过“文档管理”菜单项将相应文档上传至服务器。

⑥ 文档管理。

该项为指导教师提供了指导毕业设计所需的所有文档资料的上传与下载功能，如图 11-33 所示。

文档管理子模块页面提供了“查看所有学生信息”选项，目的是让教师方便地获取所指导学生的基本信息。

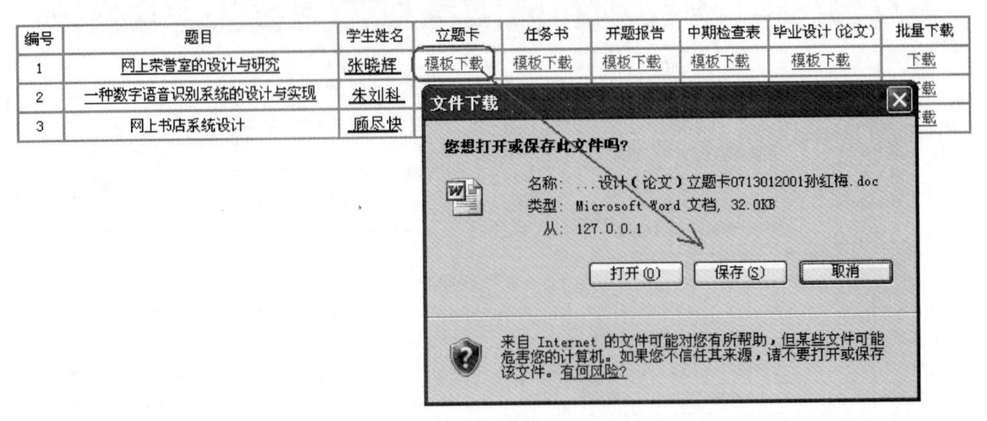

图 11-32　文档模板下载示例

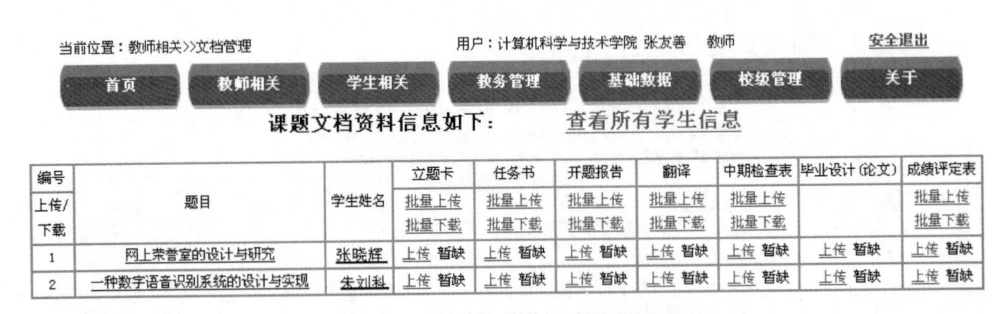

图 11-33　文档上传下载管理页面

⑦ 成绩评定表。

该项供教师下载成绩评定表的模板，此处的成绩评定表模板已经由系统自动填写了学生姓名、课题名称、指导老师姓名及成绩等信息。教师对成绩评定表补充分项成绩及相关评语等内容，完成后即可打印之或上传至服务器，如图 11-34 所示。

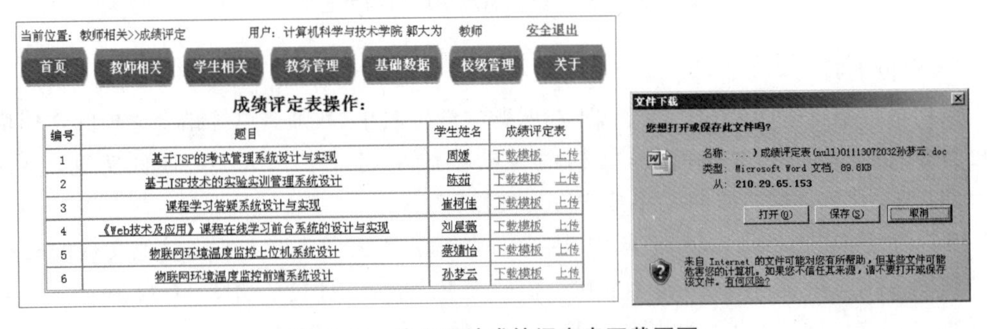

图 11-34　毕业设计成绩评定表下载页面

(2) 学生相关模块详细设计。

请学生登录后完善个人信息，包括上传照片、填写联系方式等。个人简介可填写本人的技术专长、希望做的课题方向等。

① 个人信息。

学生信息查看与修改页面如图 11-35 所示。

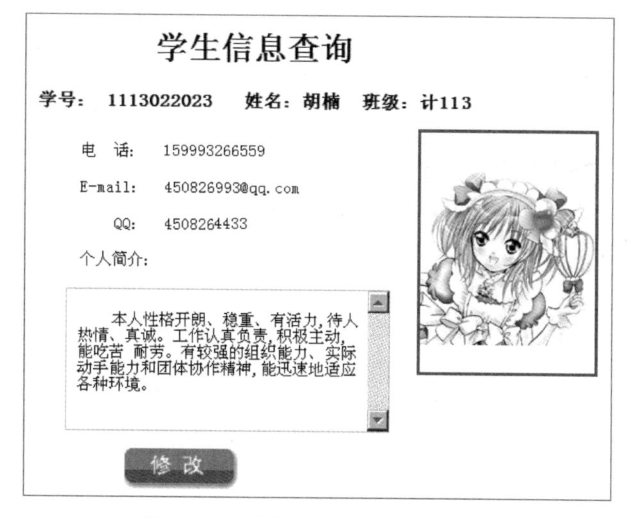

图 11-35 学生信息查看与修改页面

② 学生选题。

在选题时间段内学生可正常选题。在整个选题时间段内学生均可对自己的选题志愿进行选题操作。每个学生可选 3 个志愿，但 3 个志愿的指导老师不得相同。在提供可选课题的同时应给出相应课题的已选人数和是否预约等信息，以供学生选题时参考，学生选题页面如图 11-36 所示。

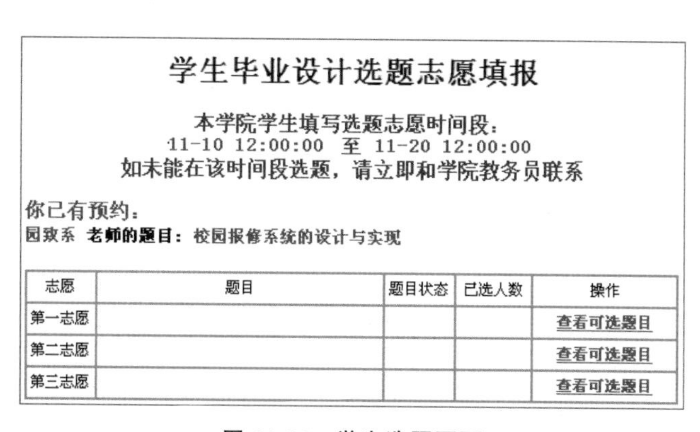

图 11-36 学生选题页面

③ 课题信息。

学生可下载相关文档模板，下载的课题是由指导教师上传的相关文档，如图 11-37 所示。

（3）教务管理模块设计简介。

教务管理模块一般由教务员操作，包括教师报题信息、学生志愿信息、学生课题信息、课题分配、文档信息、下载文档、答辩分组、录入成绩等子功能模块。

（4）基础数据模块设计简介。

基础数据模块一般由教务员在初始化时进行操作，包括时间设置、教师名单导入、学生

学生毕业设计课题信息

指导老师	平致生
联系方式	13813715888
题目	大学生网络交易平台设计与实现
立题卡	下载模板 暂缺
任务书	下载模板 暂缺
开题报告	下载模板 暂缺
中期检查表	下载模板 暂缺
论文	下载模板 暂缺
翻译	暂缺

图 11-37　学生课题信息查看及文档下载

名单导入、教师名单维护、学生名单维护、立题审核、学院发布信息、信息复位等功能。

由于篇幅限制，这些模块设计在这里不再赘述。

(5) 主要模块代码实现。

① 过滤器设计。过滤器的功能是对所有访问站点的请求都进行过滤检查，如用户尚未登录则强制登录。

CharacterEncodingFilter.java 参考代码如下所示。

```
package filter;
import java.io.IOException;
import javax.servlet.Filter;
import javax.servlet.FilterChain;
import javax.servlet.FilterConfig;
import javax.servlet.ServletException;
import javax.servlet.ServletRequest;
import javax.servlet.ServletResponse;
import javax.servlet.http.HttpServletRequest;
import javax.servlet.http.HttpServletResponse;
public class CharacterEncodingFilter implements Filter {
public void destroy() {
    //TODO Auto - generated method stub
}
public void doFilter(ServletRequest request, ServletResponse response,
        FilterChain chain) throws IOException, ServletException {
    request.setCharacterEncoding("gbk");
    HttpServletRequest req = (HttpServletRequest) request;
    HttpServletResponse res = (HttpServletResponse) response;
    String basePath = req.getScheme() + "://" + req.getServerName() + ":" + req.getServerPort() +
req.getContextPath() + "/";
    String url = req.getRequestURL().toString();
    String is_doc = url.substring(url.length() - 4,url.length());
    String str1 = (String) req.getSession().getAttribute("username");
    if(is_doc.equals(".doc")){
        chain.doFilter(request, response);
        return;
    }
```

```
    if(is_doc.equals(".zip")){chain.doFilter(request, response);
        return;
    }
    if (str1 != null
            || url.equals(basePath + "login.jsp")
            || url.equals(basePath + "js/loginVali.js")
            || url.equals(basePath + "ImageServlet")
            || url.equals(basePath + "images/reset.jpg")
            || url.equals(basePath + "images/loginback.jpg")
            || url.equals(basePath + "images/login.png")
            || url.equals(basePath + "checklogin")) {
        chain.doFilter(request, response);
    } else {
            res.sendRedirect("/bysj/login.jsp");
    }
}
public void init(FilterConfig arg0) throws ServletException {   }
}
```

② 首页动态菜单设计。在用户登录后首先获取用户的权限,再传给 index.jsp 页面,动态生成权限菜单的关键代码如下所示。

```
<ul>
<li><a class = "hide" href = "index.jsp">首页</a>
<! -- [if lte IE 6]>
<a href = "index.jsp">首页</a>
<table><tr><td>
<![endif] -->
    <ul><li><a href = "index.jsp" title = "公共信息">公共信息</a></li></ul>
<! -- [if lte IE 6]>
</td></tr></table>
<![endif] -->
</li>
<li><a class = "hide" href = "#">教师相关</a>
<! -- [if lte IE 6]>
<a href = "#">教师相关</a>
<table><tr><td>
<![endif] -->
<ul>
<%  if(info.contains(2)) { %>
<li><a href = "Teacher/teacherOpe.do?method = teaInfo" title = "个人信息">个人信息</a></li>
<% }  if(!info.contains(2)){  %>
    <li><a href = "#" title = "个人信息"><font color = "#C2C2C2">个人信息</font></a></li>
<%}%>
<% if(info.contains(3)){ %>
<li><a href = "Teacher/teacherOpe.do?method = newItem" title = "教师报题">教师报题</a></li>
<% }  if(!info.contains(3)){    %>
    <li><a href = "#" title = "教师报题"><font color = "#C2C2C2">教师报题</font></a></li>
<% } %>
<%   if(info.contains(4)){   %>
    <li><a href = "Teacher/teacherOpe.do?method = itemList" title = "题目维护">题目维护</a>
```

```
</li>
<% }  if(!info.contains(4)){  %>
   <li><a href="#" title="题目维护"><font color="#C2C2C2">题目维护</font></a></li>
<% } %>
```

首页(index.jsp)动态菜单实际效果示意图如图11-38所示。

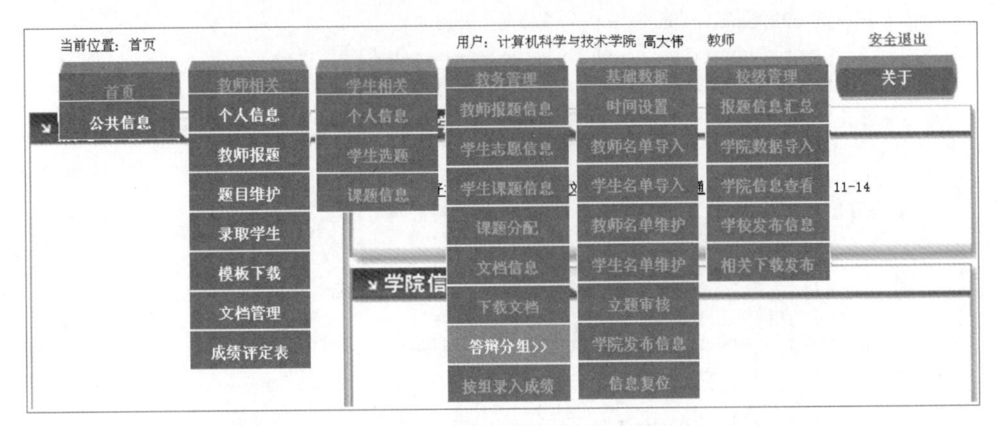

图11-38 首页(index.jsp)动态菜单实际效果示意图

③ 文档生成与下载程序设计。FreeMarker是一个用Java编写的模板引擎，主要用来生成HTML Web页面，特别适用于基于MVC模式的应用程序。FreeMarker通常从Java程序中取得要显示的数据，再由FreeMarker模板生成页面。FreeMarker可以作为Web应用框架的一个组件，但它与容器无关，其在非Web应用程序环境中也能工作得很好。FreeMarker适合作为MVC的视图组件，还能在模板中使用JSP标记库。

从Office 2003开始，Word支持XML格式，用XML处理Word文档就简单了，借助FreeMarker模板引擎可以方便地使用Java生成复杂的Word文档。本系统中Word文档的自动生成功能就是采用这一方法实现的。

具体实现思路如下。

首先，用Office 2003或2007编辑一个标准Word格式的模板文件。

然后，将需要替换的内容编辑为FreeMarker标记，标记格式为“${var}”。

之后，将该Word文件另存为XML格式的文件。

接着，用firstobject工具将XML文件标准化，同时将编码改为GBK(否则生成的文件会乱码，用Word打不开)。

在MyEclipse中打开该XML格式的Word文件，将之直接另存为后缀名为ftl的FreeMarker模板文件(*.ftl)。

最后，由Java程序向FreeMarker模板文件(*.ftl)中的“${var}”标记提供数据，输出新合成的Word文件(*.doc)。

经测试这种方式生成的Word文档完全符合Office标准，对其进行样式和内容控制非常方便，打印时也不会变形，生成的文档和Office中编辑的文档完全一样。

下载文档的服务类文件DownloadClass.java代码如下所示。

```
package util;
import java.io.BufferedInputStream;
```

```
import java.io.BufferedOutputStream;
import java.io.File;
import java.io.FileInputStream;
import java.io.InputStream;
import java.io.OutputStream;
import java.net.URLDecoder;
import java.net.URLEncoder;
import javax.servlet.http.HttpServletResponse;
public class DownloadClass {
/** 下载服务器 Tomcat 上的文件
 * @param path    @param response    @return
 */
 public HttpServletResponse download(String path, HttpServletResponse response) {
        try { File file = new File(path);              //path 指要下载文件的路径
            String filename = file.getName();          //取得文件名
            //取得文件的后缀名
            String ext = filename.substring(filename.lastIndexOf(".") + 1).toUpperCase();
            //以流的形式下载文件
            InputStream fis = new BufferedInputStream(new FileInputStream(path));
            byte[] buffer = new byte[fis.available()];
            fis.read(buffer);
            fis.close();
            response.reset();                          //清空 response
            //设置 response 的 Header
            filename=URLEncoder.encode(filename,"gbk");
            filename=URLDecoder.decode(filename, "ISO8859_1");
            response.addHeader("Content-Disposition", "attachment;filename=" + filename);
            response.addHeader("Content-Length", "" + file.length());
            OutputStream toClient = new BufferedOutputStream(response.getOutputStream());
            response.setContentType("application/octet-stream");
            toClient.write(buffer);
            toClient.flush();
            toClient.close();
        } catch (Exception ex) { ex.printStackTrace();
}finally{
            File f = new File(path);
            f.delete();
        }
        return response;
    }
 /**
  * 下载上传在服务器本地的文件
  * @param path    @param response    @return
  */
 public HttpServletResponse Local_download(String path, HttpServletResponse response) {
        try {File file = new File(path);               //path 指要下载文件的路径
            String filename = file.getName();          //取得文件名
            //取得文件的后缀名
            String ext = filename.substring(filename.lastIndexOf(".") + 1).toUpperCase();
            //以流的形式下载文件
            InputStream fis = new BufferedInputStream(new FileInputStream(path));
```

```
                byte[] buffer = new byte[fis.available()];
                fis.read(buffer);
                fis.close();
                response.reset();                     //清空 response
                //设置 response 的 Header
                filename = URLEncoder.encode(filename,"gbk");
                filename = URLDecoder.decode(filename, "ISO8859_1");
                response.addHeader("Content - Disposition", "attachment;filename = " + filename);
                response.addHeader("Content - Length", "" + file.length());
                OutputStream toClient = new BufferedOutputStream(response.getOutputStream());
                response.setContentType("application/octet - stream");
                toClient.write(buffer);
                toClient.flush();
                toClient.close();
            } catch (Exception ex) { ex.printStackTrace();
            }
            return response;
        }
    }
```

本毕业设计(论文)管理系统已在综合性大学全校运行两年,系统设计合理,功能实用完善。由于本书篇幅限制,系统详细代码不逐一列出,项目源代码可从教材资源网站获取。

附录A

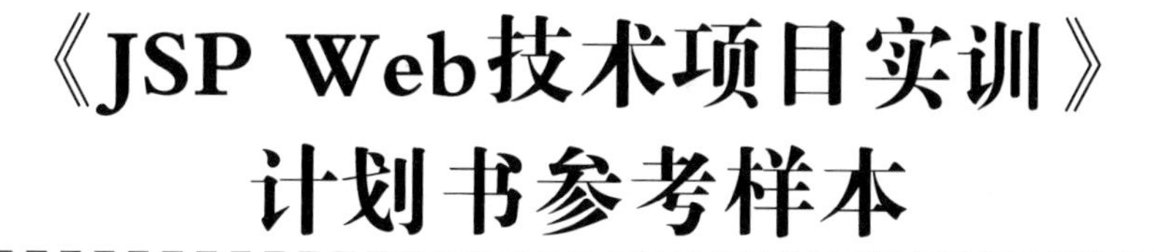

《JSP Web技术项目实训》计划书参考样本

【实训目的】

通过开展综合项目的开发及相关文档与工作日志的撰写，达到以下要求。

(1) 提高学生系统分析能力和文字表达能力。

(2) 使学生熟练掌握Java Web应用系统的开发设计方法。

(3) 使学生熟练掌握相关开发工具的使用方法。

(4) 使学生巩固和掌握JSP＋JavaBean＋Servlet的编程模式。

(5) 使学生掌握数据库及表的管理、操作与维护技术。

(6) 培养学生良好的工作作风和职业道德。

【实训模式】

在实训中，采用按模块分解的方法，遵循Web项目开发运作模式对Web项目的需求分析、详细设计、数据库设计、程序设计与开发、测试等流程进行全方位的实训。

【实训的组织】

在实训中，采用个人和小组结合的方式。每4～5名学生组成一个项目组，以小组方式进行项目开发、技术讨论和管理。经常以小组方式召开技术讨论会，交流开发进展情况及工作中遇到的技术问题。小组成员分工合作，每个同学独立完成各自的实训任务，撰写各自的开发文档和项目开发日志及实训技术总结报告。

【实训内容及安排】

实训题目：由指导老师提供题目或小组自拟题目(自拟题目需经指导老师审核通过)。

实训内容如下。

（1）需求分析。

掌握如何分析用户对项目的需求。

（2）项目的系统分析。

掌握系统分析的方法。

掌握用例图。

掌握 UML 图。

（3）数据库设计。

掌握设计数据库的概念模型。

掌握设计数据库的物理模型。

掌握 SQL 语句。

（4）项目的详细设计。

掌握 MySQL 数据库和 Tomcat 服务器的配置。

掌握 JSP、JavaBean 和 Servlet 技术实现的 MVC 开发模式。

掌握使用 DisplayTag 组件实现分页。

掌握使用 FCKeditor 组件实现文字编辑。

掌握使用 DbUtils 组件实现数据库连接池的封装。

掌握合理综合使用各种辅助开发工具。

掌握在项目过程中程序问题出现后如何使用各种调试方法。

掌握利用网络技术开发项目。

（5）项目测试。

掌握单元测试方法。

掌握系统测试方法。

实训安排如表 A-1 所示。

表 A-1　实训安排

项目/单元	主要内容	计划学时	备注
1			
2			
3			
4			
5			
总计			

【考核方法】

考核包括平时考核和实训项目完成考核，平时成绩占总成绩的 30%，实训项目完成考核占总成绩的 70%。重点考核学生对 Java Web 项目程序设计开发的能力。

【实训环境】

为保证实训的顺利开展，需要有配备计算机的专门实训教室和安装用于进行 Java Web 软件的实训室。在时间安排上，根据学院的统一教学安排，在实训周教学时段进行集中综合训练。

【软件及硬件要求】

（1）计算机局域网教室，能够接入 Internet。

（2）安装专业的应用软件系统，如 MyEclipse、Tomcat、JDK、Dreamweaver、MySQL 等。

【师资要求】

实训指导教师由本专业承担 Web 相关课程教学的教师担任。

【学生要求】

（1）学生在实训前，需要复习所学的相关专业课程知识，认真阅读实训指引书等。

（2）实训教学强调的是以“做、学”为中心，学生是实训活动的主人。每项活动都需要学生自主地组织实施，充分发挥自己的聪明才智和创造性。教师的作用是帮助、指导、引导学生开展项目实训活动。因此，要求学生明确任务，积极参与，相互讨论，主动提出问题，提出建设性的建议；同学间相互影响、互相启发，共同提高专业知识和能力。

（3）学生必须严格遵守实训安排，按时出勤，按时完成每个阶段的实训任务。

（4）学生在实训活动中不得有造假、抄袭等无诚信的行为。

附录B

常见HTTP MIME类型

最早的 HTTP 协议并没有附加的数据类型信息，其所有传送的数据都被客户程序解释为超文本标记语言 HTML 文档，为了支持多媒体数据类型，HTTP 协议使用附加在文档之前的 MIME 数据类型信息来标识数据类型。

MIME 意为多目 Internet 邮件扩展，它设计的最初目的是在发送电子邮件时附加多媒体数据，让邮件客户程序能根据其类型进行处理。当它被 HTTP 协议支持之后，它的意义就更为显著了。它使得 HTTP 传输的不仅是普通的文本，而是各种文件格式。

每个 MIME 类型由两部分组成，前面是数据的大类别，如声音、图像等，后面定义具体的种类。

在 Web 服务器和浏览器中，默认设置了标准和常见的 MIME 类型，只有不常见的 MIME 类型才需要同时在服务器和客户浏览器中额外设置，以进行识别。

由于 MIME 类型与文档的后缀相关，因此服务器使用文档的后缀来区分不同文件的 MIME 类型，在服务器中必须定义文档后缀和 MIME 类型之间的对应关系。客户程序从服务器上接收数据时只是从服务器接收数据流，并不了解文档的名字，因此服务器必须使用附加信息来告诉客户程序这些数据的 MIME 类型。服务器在发送真正的数据之前就要先发送标志数据的 MIME 类型的信息，这个信息由 Content-type 关键字定义，如表 B-1 所示。

表 B-1　HTTP MIME 类型(ContentType 属性值)列表

MIME-Type	文　件　名
application/acad	*.dwg
application/astound	*.asd *.asn
application/dsptype	*.tsp
application/dxf	*.dxf
application/futuresplash	*.spl
application/gzip	*.gz
application/listenup	*.ptlk
application/mac-binhex40	*.hqx
application/mbedlet	*.mbd
application/mif	*.mif
application/msexcel	*.xls *.xla

续表

MIME-Type	文 件 名
application/mshelp	*.hlp *.chm
application/mspowerpoint	*.ppt *.ppz *.pps *.pot
application/msword	*.doc *.dot
application/octet-stream	*.bin *.exe *.com *.dll *.class
application/oda	*.oda
application/pdf	*.pdf
application/postscript	*.ai *.eps *.ps
application/rtc	*.rtc
application/rtf	*.rtf
application/studiom	*.smp
application/toolbook	*.tbk
application/vocaltec-media-desc	*.vmd
application/vocaltec-media-file	*.vmf
application/xhtml+xml	*.htm *.html *.shtml *.xhtml
application/xml	*.xml
application/x-bcpio	*.bcpio
application/x-compress	*.z
application/x-cpio	*.cpio
application/x-csh	*.csh
application/x-director	*.dcr *.dir *.dxr
application/x-dvi	*.dvi
application/x-envoy	*.evy
application/x-gtar	*.gtar
application/x-hdf	*.hdf
application/x-httpd-php	*.php *.phtml
application/x-javascript	*.js
application/x-latex	*.latex
application/x-macbinary	*.bin
application/x-mif	*.mif
application/x-netcdf	*.nc *.cdf
application/x-nschat	*.nsc
application/x-sh	*.sh
application/x-shar	*.shar
application/x-shockwave-flash	*.swf *.cab
application/x-sprite	*.spr *.sprite
application/x-stuffit	*.sit
application/x-supercard	*.sca
application/x-sv4cpio	*.sv4cpio
application/x-sv4crc	*.sv4crc
application/x-tar	*.tar
application/x-tcl	*.tcl
application/x-tex	*.tex
application/x-texinfo	*.texinfo *.texi
application/x-troff	*.t *.tr *.roff

续表

MIME-Type	文 件 名
application/x-troff-man	*.man *.troff
application/x-troff-me	*.me *.troff
application/x-troff-ms	*.me *.troff
application/x-ustar	*.ustar
application/x-wais-source	*.src
application/x-www-form-urlencoded	
application/zip	*.zip
audio/basic	*.au *.snd
audio/echospeech	*.es
audio/tsplayer	*.tsi
audio/voxware	*.vox
audio/x-aiff	*.aif *.aiff *.aifc
audio/x-dspeeh	*.dus *.cht
audio/x-midi	*.mid *.midi
audio/x-mpeg	*.mp2
audio/x-pn-realaudio	*.ram *.ra
audio/x-pn-realaudio-plugin	*.rpm
audio/x-qt-stream	*.stream
audio/x-wav	*.wav
drawing/x-dwf	*.dwf
image/cis-cod	*.cod
image/cmu-raster	*.ras
image/fif	*.fif
image/gif	*.gif
image/ief	*.ief
image/jpeg	*.jpeg *.jpg *.jpe
image/png	*.png
image/tiff	*.tiff *.tif
image/vasa	*.mcf
image/vnd.wap.wbmp	*.wbmp
image/x-freehand	*.fh4 *.fh5 *.fhc
image/x-portable-anymap	*.pnm
image/x-portable-bitmap	*.pbm
image/x-portable-graymap	*.pgm
image/x-portable-pixmap	*.ppm
image/x-rgb	*.rgb
image/x-windowdump	*.xwd
image/x-xbitmap	*.xbm
image/x-xpixmap	*.xpm
model/vrml	*.wrl
text/comma-separated-values	*.csv
text/css	*.css

续表

MIME-Type	文 件 名
text/html	* . htm * . html * . shtml
text/javascript	* . js
text/plain	* . txt
text/richtext	* . rtx
text/rtf	* . rtf
text/tab-separated-values	* . tsv
text/vnd. wap. wml	* . wml
application/vnd. wap. wmlc	* . wmlc
text/vnd. wap. wmlscript	* . wmls
application/vnd. wap. wmlscriptc	* . wmlsc
text/xml	* . xml
text/x-setext	* . etx
text/x-sgml	* . sgm * . sgml
text/x-speech	* . talk * . spc
video/mpeg	* . mpeg * . mpg * . mpe
video/quicktime	* . qt * . mov
video/vnd. vivo	* . viv * . vivo
video/x-msvideo	* . avi
video/x-sgi-movie	* . movie
workbook/formulaone	* . vts * . vtts
x-world/x-3dmf	* . 3dmf * . 3dm * . qd3d * . qd3
x-world/x-vrml	* . wrl

图书资源支持

感谢您一直以来对清华版图书的支持和爱护。为了配合本书的使用，本书提供配套的资源，有需求的读者请扫描下方的"书圈"微信公众号二维码，在图书专区下载，也可以拨打电话或发送电子邮件咨询。

如果您在使用本书的过程中遇到了什么问题，或者有相关图书出版计划，也请您发邮件告诉我们，以便我们更好地为您服务。

我们的联系方式：

地　　址：北京市海淀区双清路学研大厦 A 座 714

邮　　编：100084

电　　话：010-83470236　010-83470237

客服邮箱：2301891038@qq.com

QQ：2301891038（请写明您的单位和姓名）

资源下载：关注公众号"书圈"下载配套资源。

资源下载、样书申请

书圈

图书案例

清华计算机学堂

观看课程直播